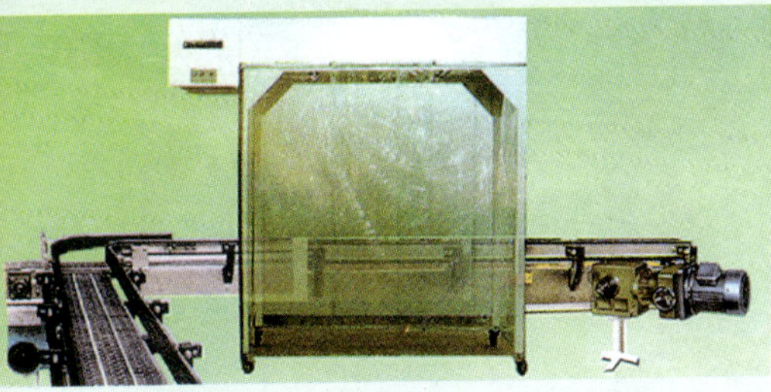

1.支架式垂直层流罩和链板式输送机

2.自净器

料袋自动输送净化设备（蔡津生 供）

半自动化手工装袋操作

料袋排叠上灶

料袋进灶罩帆布灭菌

标准净化接种室

食用菌清洗切丝机(卢国宝 供)

1.喂料机

2.分级除尘机

3.分检机

4.金属异物探测机

5.小包装

香菇标准化分级包装生产线（蔡津生 供）

浙江省庆元菇稻轮作
（吴学谦 供）

辽宁省玉米地间种香菇（田敬华 供）

林阴下反季节栽培的菇棚

标准化(有机)香菇采收集中

保鲜出口香菇晾晒排湿

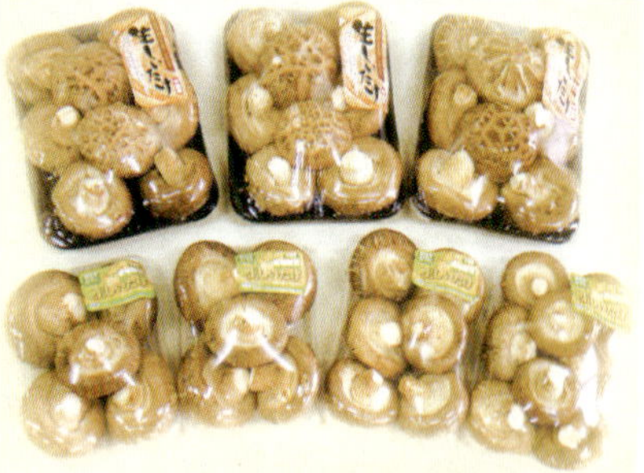

进超市鲜菇包装

建设新农村农产品标准化生产丛书

香菇标准化生产技术

丁湖广　丁荣峰　编著

金盾出版社

内 容 提 要

本书由我国著名食用菌专家丁湖广高级农艺师等编著。遵循《中华人民共和国农产品质量安全法》，介绍香菇标准化生产技术。内容包括：标准化生产的必要性，标准化生产的基础设施，菌袋标准化生产工艺，菌种标准化生产，病虫害控制措施，产品采收与加工分级标准及产品标准化认证等。内容新颖，技术先进，针对性和可操作性强。适合专业性菇场与广大食用菌专业户阅读，对农林院校师生、标准管理部门亦有参考价值，还可作为高等职业技能培训教材。

图书在版编目(CIP)数据

香菇标准化生产技术/丁湖广，丁荣峰编著．—北京：金盾出版社，2007.6

（建设新农村农产品标准化生产丛书）

ISBN 978-7-5082-4527-0

Ⅰ．香… Ⅱ．①丁…②丁… Ⅲ．香菇-蔬菜园艺-标准化 Ⅳ．S646.1

中国版本图书馆 CIP 数据核字(2007)第 042871 号

金盾出版社出版、总发行

北京太平路 5 号(地铁万寿路站往南)

邮政编码：100036 电话：68214039 83219215

传真：68276683 网址：www.jdcbs.cn

彩色印刷：北京精彩雅恒印刷有限公司

黑白印刷：北京天宇星印刷厂

装订：北京天宇星印刷厂

各地新华书店经销

开本：787×1092 1/32 印张：5.375 彩页：4 字数：117 千字

2012 年 3 月第 1 版第 4 次印刷

印数：31 001～36 000 册 定价：10.00 元

序　言

随着改革开放的不断深入，我国的农业生产和农村经济得到了迅速发展。农产品的不断丰富，不仅保障了人民生活水平持续提高对农产品的需求，也为农产品的出口创汇创造了条件。然而，在我国农业生产的发展进程中，亦未能避开一些发达国家曾经走过的弯路，即在农产品数量持续增长的同时，农产品的质量和安全相对被忽略，使之成为制约农业生产持续发展的突出问题。因此，必须建立农产品标准化体系，并通过示范加以推广。

农产品标准化体系的建立、示范、推广和实施，是农业结构战略性调整的一项基础工作。实施农产品标准化生产，是农产品质量与安全的技术保证，是节约农业资源、减少农业面源污染的有效途径，是品牌农业和农业产业化发展的必然要求，也是农产品国际贸易和农业国际技术合作的基础。因此，也是我国农业可持续发展和农民增产增收的必由之路。

为了配合农产品标准化体系的建立和推广，促进社会主义新农村建设的健康发展，金盾出版社邀请农业生产和农业科技战线上的众多专家、学者，组编出版了《建设新农村农产品标准化生产丛书》。“丛书”技术涵盖面广，涉及粮、棉、油、肉、奶、蛋、果品、蔬菜、食用菌等农产品的标准化生产技术；内容表述深入浅出，语言通俗易懂，以便于广大农民也能阅读和使用；在编排上把农产品标准化生产与社会主义新农村建设巧妙地结合起来，以利农产品标准化生产技术在广大农村和广大农民群众中生根、开花、结果。

我相信该套“丛书”的出版发行，必将对农产品标准化生产技术的推广和社会主义新农村建设的健康发展发挥积极的指导作用。

王连铮

2006 年 9 月 25 日

注：王连铮教授是我国著名农业专家，曾任农业部常务副部长、中国农业科学院院长、中国科学技术协会副主席、中国农学会副会长、中国作物学会理事长等职。

前　言

《中华人民共和国农产品质量安全法》2006 年 11 月 1 日起在全国实施，这标志着我国农产品将走上法制化轨道，也充分体现了政府对人民食品安全的高度重视。香菇是食用菌产业中的拳头产品，也是传统的出口名特品种。据海关总署统计资料显示：2005 年我国出口香菇干品创汇 2.31 亿美元，占整个食用菌出口值的 28.17%，产品远销东南亚、欧美等 78 个国家和地区，在国际香菇市场上起到重要作用，成为世界香菇生产和出口大国。随着世界贸易组织（WTO）的深入发展，各国设置了名目繁多的"绿色壁垒"，给中国香菇出口带来新的挑战。近年来，因农药残留等有毒物质的超标问题，被国际市场拒之门外的事件时有发生。在国内随着消费理念的转变，注重食品安全，吃"放心肉"、"放心菜"、"放心菇"已成为消费者的新要求。

香菇标准化生产，是具体实施国家《农产品质量安全法》的实际行动，也是确保我国香菇产品不断提升质量，在国际市场上立于不败之地，在产业自身上可持续发展的根本大计。2002 年农业部出台《全面推进"无公害"食品行动计划》的实施意见，国家环境保护总局《有机食品技术规范》先后公布实施。近年来食用菌主产区增强了食品安全意识，深入开展香菇无公害生产，并逐步向绿色食品和有机食品方向推进，不同规模、不同程度地有效改善和提高香菇产品质量的安全水平。这为香菇标准化生产打下良好的基础。但是，我国食用菌标准化生产起步较晚，截至2006年12月香菇标准化生产法规未见公布。

本书在编写时，依据《中国有机（天然）食品标准（1995）》和《有机食品认证管理办法》、《食品卫生法》、国家环境保护总局《有机食品生产和加工技术规程》；并参考国际有机农业运动联合会（简称IFOAM）和国际有机作物促进协会（简称OCIA）等有机食品颁证标准相关有机食品生产、加工、贸易和标志的基本要求。根据我国国情和千家万户生产香菇模式的特点，广泛收集各主产区实践经验，认真加以梳理归纳，编成《香菇标准化生产技术》，希望能为从事香菇生产、加工单位和个人，以及标准管理部门提供有益的参考。

本书编写过程中得到有关专家、单位和朋友的支持，福建省古田县科技局十分重视，把本书列入2007年食用菌产业化创新科研课题立项，在此一并表示谢意！由于收集资料范围较广，书中引用其研究成果尚未署名的望予以见谅，对他们的发明表示崇敬！由于本书编写时间仓促，涉及内容较新，笔者水平有限，难免有错漏之处，敬请广大读者批评指正！

丁湖广

于“中国食用菌之都”——福建省古田县新元食用菌研究所

2007年元月

通讯地址：福建省古田县城西过河路13号

邮　　编：352200

电　　话：0593－3882177

传　　真：0593－3888628

目　录

第一章　香菇标准化生产概述

一、标准化概念与涵盖

(一)标准化概念

标准是生产制造产品实际要求的一个科学归纳，也是管理者检查监控质量的对照依据。没有标准，知识产权得不到保护，生产者和消费都会受到损失；没有标准，也就无法进行质量控制。最近国家标准管理委员会颁发《中华人民共和国农产品质量安全法》(2006 年 11 月 1 日起施行)中第二章，农产品质量安全标准指出："农产品质量安全标准是强制性的技术规范。"它标志着我国农产品安全将进入法制化轨道，其实质就是标准化的总纲。

香菇标准化建设中，应以质量安全标准作为强制性的技术规范。借助国际 ISO 9000 族标准和 HCCP 体系的管理理念和控制手段，按照国际有机作物促进协会(OCIA)标准和中国环境保护总局有机食品发展中心(OFDC)认证要求，跟踪香菇生产全流程的各个关键环节，依照《有机食品生产和加工技术规范》和《有机食品认证管理办法》进行标准化操作，并加以有效控制和管理监督，随时清除和纠正操作中的偏差，确保产品质量的安全性和稳定性，构成一套完整性、先进性、协调性和可持续性的香菇标准化生产体系。

(二)标准化涵盖

根据标准化体系，香菇有机生产应以产品质量安全为核心，把标准化贯穿到生产全过程。它包涵着有机产地定位，区域生态条件，栽培基础建设，原、辅料获取检测，菌种选育纯化，栽培载体制作工艺，菌袋接种培养，长菇生态控制，病虫害防治及产品采收加工，包装、贮藏、运输等各个环节的标准，形成整个产业链的标准体系，通过该体系的规范化操作，促进产品达到国内有机香菇质量标准，逐步与国际接轨，在标准化道路上壮大发展。

二、标准化生产原则与特征

(一)标准化生产原则

香菇标准化生产，原则上按照有机农业(Qrganic farming)和有机食品(Qrganic food)的要求。其最显著的特点，就是来自生态良好的有机农业生产体系，遵循自然规律和生态学理论，采取一系列技术，维持生态，持续稳定发展的一种农业生产方式，是“精品农业”的标志。

香菇虽然是农业种植业的一个组成部分，但在生产形式上不同于种植业。它不是以土壤为生产介质的，不需要经过非有机生产到有机生产的转化(Convesion)过程，这一点与其他作物是有明显区别的。香菇生产是利用农林业和部分工业下脚料，通过物理化学的作用和微生物发酵的降解，转化成人类所需要的含有蛋白质、脂肪及碳水化合物，可蔬可药，风味独特的食品，属于天然有机食品。

有机香菇的生产标准与粮食作物和果蔬种植的有机标准虽有所不同，但其进行有机认证的原理仍基本一致。因此有机香菇生产标准，必须执行国家环境保护总局《有机食品技术规范》(2002年4月1日起实施)，这是我国有机食品生产、加工、贸易和标志的基本要求。同时对应国际有机农业运动联合会(简称IFOAM)的有机生产和加工基本标准化的要求，以有机产品为核心，实施有机生产和加工标准，通过国家环境保护总局有机食品发展中心认证，达到最终目的。

(二)标准化生产与其他类型区别

我国现有农产品生产在常规栽培的基础上，已逐步向标准化生产(无公害、绿色、有机)方向发展。这3种类型的产品像金字塔，塔基是无公害，中间是绿色，塔尖是有机食品。三者之间安全是共性，但三者之间亦有区别。

1. 无公害与常规区别 无公害食品是在无公害条件控制下生产出来的产品。突出强调安全性，要求无污染，符合安全卫生有关规定最基本的市场准入标准。而普通香菇生产则不受无公害安全生产条件的约束和限制。其有害物质含量也不经检测，有可能超过规定标准。

2. 绿色与无公害区别 绿色食品高于无公害食品标准。其生产条件比无公害生产要求高些。绿色食品生产是遵循农业可持续发展的原则，按照特定的生产方式进行生产。其产品要达到国家绿色产品发展中心认定和许可使用无污染的物品。绿色食品分为A级和AA级两个级别。

3. 有机与绿色区别 有机食品是整个食品体系中最高层次的产品标志。绿色食品是从无公害食品向有机食品发展的一种过渡性食品。其中AA级绿色食品相当于有机食品，但国际上认可的是有机食品。有机食品源于有机农业体系，其核心是遵循自然生态条件，建立和恢复农业生产系统生物多样性和良好循环，以维持产业的可持续发展。其产品质量标准要求较高，检测严格。主要特征如下。

（1）*产地环境良好* 生产土地及周围土、水、气严格测定，要求无污染、无残留、无病原微生物，达到最佳环境状态，这是有机生产的基本条件。

（2）*投入品基质安全* 生产用的原、辅料来自天然，不受污染，不属于转基因原料及种质，生产加工过程禁止使用化肥、植物生长调节剂等人工合成物质。防治病虫害应用物理和生物方法及天然药剂，不得使用化学合成农药。

（3）*选用抗性强品种* 选用适应当地生长、抗逆力强的优良品种。

（4）*质量跟踪监控* 生产全流程跟踪控制，实现“从田园到餐桌”的整个过程无污染，整体产品达到有机产品标准。

（5）*产权法律保护* 有机产品是一个质量证明商标，属于知识产权范畴，受《中华人民共和国商标法》的保护。

（三）三类香菇生产及产品对照

为了便于读者更好掌握标准化（无公害、绿色、有机香菇）的生产和产品，特列表对照，见表1-1。

表 1-1　无公害、绿色、有机类三类香菇生产及产品对照表

项　目	无公害	绿　色	有　机
概念意义	在无公害条件控制下产出的优质香菇，其安全质量符合国家强制性标准和法规的优质产品及初加工品	遵循可持续发展原则，按照特定生产环境和生产方式，产出的无污染安全优质产品	回归自然，按照自然法和有机农业措施及相应标准要求，产出的无污染、无残留、无毒无害优质营养型的产品
生产方式	按无公害生产技术规定生产，全程进行安全生产条件约束和控制	按绿色食品生产技术规程进行生产，按许可使用原、辅料和添加剂，限量使用限定的化学合成物品	按有机食品农业生产要求标准和关键技术进行全程监控。禁止使用化学合成物质及转基因原料和种质
产地条件	1. 栽培场地环境卫生要求；2. 菇棚设施要求；3. 空气质量要求；4. 土壤质量要求；5. 病虫害综合防治要求		
法规标准	按 CB/T 1840.7-1—2001《农产品安全质量，无公害蔬菜产地环境要求》，NY 5099-2002《无公害食品 食用菌栽培基质安全技术要求》	按 NY/T 391-392-393-394《绿色食品、产地环境技术要求、食品添加剂使用准则、农药使用准则、化肥使用准则》4 项标准执行	按有机（天然）农产品生产技术规范 HJ/T 80-2001《有机食品技术规程》和《有机农业转变技术规范》标准执行
质量认证	由省级无公害农产品管理与认证部门审批	由国家农业部绿色食品发展中心审批	由国家环保总局有机食品发展中心（OFDC）审批
产品标志	无公害食品标志	绿色食品标志	有机（天然）食品标志

续表 1-1

项目	无公害	绿色	有机
产品标准	按 NY 5095-2002《无公害食品香菇》和 GB 7096-2003《食用菌卫生标准》执行	按 NY/T 749-2003《绿色食品 食用菌》，GB 7096-2003《食用菌卫生标准》执行	按 FOAM《有机食品生产与加工基本标准》和 OFDC《有机食品认证标准》执行
市场准入	国内大中小城市农贸市场，一般农产品商场	国内外大中城市的超市和农产品商场	出口国外经济发达国家和国内大城市超市和特殊商场

三、标准化生产势在必行

(一)我国香菇肩负世贸市场重任

我国香菇生产历史悠久，又是传统出口名特产品。1980年以来，随着改革开放政策的深入，香菇产业发展迅速，栽培技术不断创新，一跃居世界首位；近年来全国香菇产量已达9万多吨(干品)，占全球总产量的83%左右，产品出口占亚洲地区国家的87%。据海关总署统计资料显示，2005年香菇干、鲜品出口创汇2.31亿美元，占整个食用菌出口值的28.17%。2006年1～10月份香菇干品出口13 957吨，创汇1.23亿美元；鲜菇出口22 009吨，创汇5 217万美元。其中1～7月份出口日本鲜香菇4 451吨，为上半年的102.3%，金额3 933.3万美元，为上年的145.3%，平均每千克8.12美元。中国香菇产品销往东南亚、欧美等78个国家和地区，在国际香菇市场上起到举足轻重的作用。世界香菇市场的货源，瞄准中国，因此肩负重任。

（二）绿色壁垒门槛不断加高

我国加入世贸组织，为公平参与国际贸易提供了机遇。然而世界香菇市场竞争十分激烈，一些产菇国为了保护本国香菇业，出台了一个又一个的非关税壁垒，诸如日本为对付中国香菇绞尽脑汁，在加入世界贸易组织之后的 2001 年采取“限量进口”和“反倾销”，2002 年紧接着“甲醛超标致癌”，2003 年又抛出“种苗法修正案”，2006 年新启动《食品中农业化学品肯定列表制度》。还有新加坡国家查出中国香菇镉含量超标，而被收回销毁等。这些都是横在中国香菇入世通道上的门槛。现在世界各国农药残留检测项目之多，国际食品法典有 2 572 项，欧盟就有 22 289 项，日本 9 052 项，美国 8 669 项。此外，还有所谓“默认标准”、“一律标准”，那更是悬在中国出口香菇商品头上的一把随时都可出鞘的利剑。

（三）消费理念转向安全第一

近年来在国际市场消费中，对安全食品的认识和追求越来越多。欧洲国家调查发现，有 56%的消费者愿多付 15%以上的价格购买有机食品，其理由是食品健康，安全第一。香菇在国内市场消费量占 2/3，消费空间潜能在不断扩展，消费理念也在发生变化，“向往绿色，注重保健，关心安全”已成为时代新潮。按传统常规生产和加工的产品，已与形势发展形成明显差距。2004 年 7 月 21 日，国务院布置加强食品安全的“十大措施”中指出：“从源头上防止农产品污染，建立规范化的农产品质量安全标准体系。”只有实施标准化生产与加工，才能提高产品质量，确保产品从田园到餐桌安全无污染，让百姓吃到"放心菇"。

(四)产业可持续发展必经之路

世界各国都在完善有机农业和有机食品的相关立法工作,欧盟于 1991 年 7 月制定有机农产品生产法(EEC 2092/1991)规范了内部及进口有机食品法规和标准。随后美国、德国、英国、澳大利亚、新西兰和日本等国分别于 1997 年和 2000 年,出台了本国有机农业和有机食品法规和标准。

香菇生产已成为我国农业产业化结构调整、引导农民致富奔小康的一个重要项目,也是发展农村经济、建设社会主义新农村的实际举措,从而促使香菇产业发展迅速。2005 年统计数字显示,我国年产鲜菇 10 万吨以上的省有 9 个(表 1-2)。

表 1-2 我国香菇主产区 2005 年产量 [单位:吨(鲜品计算)]

主产省	香菇产量	主产省	香菇产量
福建	579329	湖北	142371
河南	333562	江西	140500
浙江	320000	辽宁	134775
陕西	251406	河北	107059
山东	155100		

录自中国食用菌商务网《2006 秋冬全国食用菌产品市场报告》

要使中国香菇产业可持续发展,有效规避"绿色壁垒",必须面对国际形势发展的现实,通过标准化生产建设和管理,寻求一种产品的生产、加工,既能满足国内外市场的容量和品位的消费要求,又能有效保证产品质量的生产方式,才能有效地促进产品提升档次,不断地把产业做大做强,确保中国香菇的品牌,紧跟时代潮流的步伐,不断向前推进。

第二章　香菇标准化生产基础设施标准

根据国际OCIA和国家OFDC颁发的有机食品最低标准和允许使用物质的要求，凡是有机栽培的香菇必须达到下列标准，才能确认为有机食品香菇。

一、产地区域条件标准

（一）产地定位

首先明确标准化生产（有机栽培）产地所处的位置。该产地条件，种植生产历史及周边环境是否能满足香菇标准化生产的需要。初定后做好地块分布图，清楚地显示出地块的大小和方位、边界、缓冲区及相邻土地的状况；显示作物、建筑、树林、溪流、排灌系统及明显标示等。产地历史记录，详细列举过去的作物种植和投入物的使用。通常包含年度、地块号、面积、有机种植或常规种植，作物品种和每年的投入物，及使用的数量和日期。有机产地定位后登记造册，填写有机栽培产地管理表。

（二）区域条件标准

1. 产地环境无污染　香菇标准化生产的产地环境必须“三无”（空气无污染、水源无污染、土壤无污染）。申请设立之前，必须先测定其水质和土壤，以确认没有发生污染情形。如果发现邻近有工厂排烟或落尘直接吹进菇场，或者水源及土壤遭受工厂废水、落尘或废物等污染，就不能作为有机栽培场所。栽培场、加工厂 50 米以内，主风向上方 20 千米以内无污染源，尘埃少。产地周边的河流、湖泊、池塘、水井等水源必须清洁无污染，以满足生产栽培过程用水需要；在城市也可以使用自来水，禁止使用被污染的水。

2. 设置物理障碍 有机菇场与农田毗邻的，必须设置 30 米左右的缓冲带或防护带，以避免农业飘浮物的影响。有机菇场与常规菇场邻近时，必须设置物理障碍物，或在两场之间至少保留 8 米过渡带，以确保有机菇场的完整性。

3. 区域生产措施 有机菇场选用非多年生作物轮作，其土壤禁止使用天然或人工合成的溶酸性高的硝酸盐、磷酸盐、氯化物等营养物质。场地使用石灰灭菌，其总氟量平均每公顷不超过 5 千克。有机场地除草控制，应采取轮作，休闲或机械、电力和热除草方法。禁止使用化学或石油类除草剂和氨基甲酸脂类除草剂。必须采取抗性品种间作，精心管理，保持土壤活力等，以此作为抵御杂菌和病虫害的重要措施。

二、产地生态安全标准

香菇标准化生产的产地生态环境安全标准，应执行国家颁布的 2006 年 11 月 1 日起实施的《农产品产地安全管理办法》规定的产地监测与评价。标准应符合 NY/T 391-2000 AA 绿色食品产地环境条件的要求。

（一）土壤质量标准

产地土壤质量，按照 OCIA 要求："制定和实施严谨的土壤管理方案，提高有机物质，保持土壤最佳活力"。生产实践中必须进行土壤分析，土壤环境质量标准可执行 GB 1518 标准和 NY/T 391-2000，GB 18407.1-4-2001 标准，不得超过下列指标，见表 2-1。

表 2-1 土壤质量标准

项 目	指标(毫克/千克)		
	pH 值<6.5	pH 值 6.5～7.5	pH 值>7.5
总汞	≤0.30	≤0.50	≤1.0
总砷	≤40	≤30	≤25
总铅	≤100	≤150	≤150
总镉	≤0.30	≤0.30	≤0.60
总铬	≤150	≤200	≤250
六六六	≤0.5	≤0.5	≤0.5
滴滴涕	≤0.5	≤0.5	≤0.5

栽培场地的土壤肥力，分别旱地、稻田、菜地、园地、牧地，均达到 AA 绿色食品 1 级指标，见表 2-2。

表 2-2 土壤肥力标准

项 目	旱 地	稻 田	菜 地	园 地	牧 地
有机质(克/千克)	≥15	≥25	≥30	≥20	≥20
全氮(克/千克)	≥1.0	≥1.2	≥1.2	≥1.0	—
有效磷(毫克/千克)	≥10	≥15	≥40	≥10	≥10
有效钾(毫克/千克)	≥120	≥100	≥150	≥100	—
阳离子交换量(Coml/千克)	≥20	≥20	≥20	≥20	—
质 地	轻壤、中壤	轻壤、中壤	轻壤	轻壤	沙壤、中壤

（二）水源水质标准

香菇标准化生产的地表水环境质量执行 GB 2B1 标准，子实体喷洒用水，水质必须定期进行测定，应符合国家标准 GB 5749《生活饮用水卫生标准》和 NY/T 391-2000 标准的要求，见表 2-3。

表 2-3　用水质量标准

项　　目	指标（毫克/升）
氯化物	≤250
氰化物	≤0.5
氟化物	≤3.0
总　汞	≤0.001
总　砷	≤0.05
总　铅	≤0.1
总　镉	≤0.005
铬（六价）	≤0.1
石油类	≤1.0
pH 值	≤5.5～8.5

（三）空气质量标准

香菇标准化生产的空间，要求大气无污染，执行 GB 3095《环境空气质量标准》和 NY/T 391-2000、GB 18407.1-4-2001 标准要求。主风向上方 20 千米以内无污染源。空气质量指标要求不超过表 2-4。

表 2-4　环境空气质量标准

项　目	指　标	
	日平均	1 小时平均
总悬浮颗粒物(TSP)(标准状态)(毫克/米^3)	0.30	—
二氧化硫(SO_2)(标准状态)(毫克/米^3)	1.5	0.50
氮氧化物(NO_X)(标准状态)(毫克/米^3)	0.10	0.15
氟化物(F)(微克/分米^3·天)	5.0	—
铅(标准状态)(微克/米^3)	1.5	—

三、房棚设施标准

(一)菌袋培养室标准

标准化生产的企业,应专门建造菌袋培养室,民间可利用民房培养菌。标准培养室必须达到“五要求”:

1. 远离污染区　至少 300 米以内无食品酿造工业,无畜舍、垃圾(粪便)场、水泥厂、石灰厂等扬尘厂(场);还需远离公路主干线、医院和居民区,防止生活垃圾,有害气体、废水和人群过多造成污染。

2. 结构合理　坐北朝南,地势稍高,环境清洁;室内宽敞,一般 32～36 平方米面积为适,每 1 平方米可排放菌袋 80 袋。如果栽培 1 万袋,需要发菌室 125 平方米左右。室内墙壁刷白灰,门窗对向能开能闭,并安装每厘米 20 目的防虫网;

设置排气口，安装排气扇。

3. 生态适宜 室内卫生、干燥、防潮，空气相对湿度低于70%；遮阳避光，控温23℃～28℃，空气新鲜。

4. 无害消毒 选用无公害的药剂次氯酸钙消毒，使之接触空气后迅速分解或对环境、人体及菌丝生产无害的物质，又能消灭病原微生物。

5. 物理杀菌 安装紫外线灯照射或电子臭氧灭菌器等物理消毒，取代化学物杀菌。

(二)子实体生长菇棚标准

香菇子实体生长棚，统称菇棚。在南方地区多采用野外荫棚，又叫草棚或遮阳罩棚。北方地区常用塑料大棚或日光温室。反季节栽培可在林下建棚。无论采用哪一种形式的长菇棚，均需达到“五必须”。

1. 结构必须合理 菇棚要求能保温、保湿，具有抗御高温与恶劣天气的能力，合理的空间和较高的利用率；结构固定安全，操作方便，经济实用。野外菇棚高以2～2.2米为适，采用竹木做骨架，棚边开好通风口，棚外配套草苫或茅草遮阳，以“三阳七阴”为标准。菇棚面积以立摆香菇筒4 000～5 000条，面积为333平方米(半亩地)为宜，最多一棚不超过667平方米(1亩地)为适。

2. 场地必须优化 选择背风向阳，地势高燥，排灌方便，水、电源充足，交通便利，周围无垃圾等乱杂废物。菇棚周围可种枝叶茂盛的高大植物，以阻拦尘埃。

3. 土壤必须改良 菇棚内的土地进行深翻晒后，浇水、排干、整畦。采用石灰粉或喷茶籽饼、烟茎等生物剂，取代化学农药消毒杀虫。

4. 水源必须洁净 水源要求无污染，水质清洁，最好采用泉水、井水或溪水等畅通的清水；不得使用池塘水、积沟水。

5. 茬口必须轮作 不是固定性的菇棚应采取一年种农作物，一年栽香菇，稻菇合理轮作，隔断中间传播寄主，减少病虫源积累，避免重茬加重病虫害。

北方大部分地区年平均温度在14℃左右，最低月份平均温度－3℃～－10℃。初霜期10月下旬，初雪在11月下旬。而秋栽香菇脱袋下田均在10月份之后，此时正值低温寒流冬季，不利于出菇。因此，北方的野外菇棚应采用半地下式或日光温棚。其结构：四面筑土墙，北高2米左右，南高1.3米(南面也可不筑墙，可用薄膜和草帘围盖)，呈斜坡形。棚架竹、木支撑，棚顶铺浅绿无滴塑料薄膜，上面覆盖活动草帘白天掀起草帘引光增温，晚上覆盖草帘御寒保温。这种日光棚，冬季棚内白天温度比棚外温度高15℃，晚上高10℃，所以棚外千里冰封，棚内香菇照常生长。在夏季草帘全覆盖，棚内温度比棚外还低5℃。北方冬季菇棚见图1。

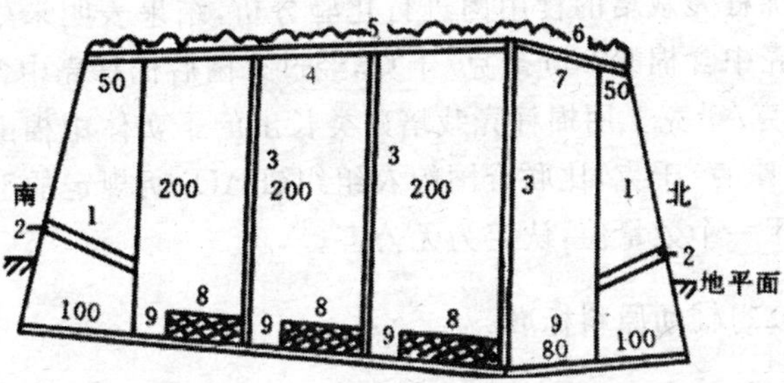

图1 北方冬季菇棚图解 (单位:厘米)

1. 土墙 2. 通风口 3. 立柱 4. 盖膜 5. 草帘
6. 盖土 7. 木板及麦秆 8. 床畦 9. 走道沟

四、原、辅料安全标准

(一)主要原料标准

有机香菇生产应按照《中国有机(天然)食品标准》的基本要求,其原料选择,具体要求“五不得”,即:不得使用人工合成物质的锯木屑,不得使用转基因作物的秸秆及籽壳;不得使用受污染的木料的锯木屑和农作物秸秆;不得使用含激素、抗生素和化工产品饲养的畜禽粪便;不得使用运输过程中污染有毒有害物质的原料。

在生产实践中,栽培原料必须剔除桉、樟、槐、苦楝等含杀菌、醚类、脂类有害物质树种的木屑;针叶树木屑必须自然堆积6个月以上。

用棉籽壳作为栽培基质生产香菇,其子实体食用的安全性,包括棉酚、农药残留的含量,一向为人们所关注。卢青达等对棉籽壳栽培的食用菌进行化验分析,结果表明未处理的棉籽壳中含棉酚230毫克/千克,经过灭菌后棉籽壳中含棉酚53毫克/千克。用棉籽壳栽培菇类长出的子实体中棉酚含量为49毫克/千克,比联合国粮农组织(FAO)所规定的卫生标准低于一个数量值,认定为无公害。

(二)辅助原料标准

辅助原料又称辅料,是指能补充培养料中的氮源、无机盐和生长因子及在培养料中添加量较少的营养物质等。辅料除能补充营养外,还可改善培养基的理化性状。常用补充营养的辅料是有机物质,如麦麸、米糠、玉米粉等,强调不得使用转基因的品种。辅料主要用于补充主料中的有机氮、水溶性碳水化合物以及其他营养成分的不足，其用量一般占配方20%以内，若氮源过多，在香菇菌丝转色时会受到影响。

(三)添加剂限量标准

根据现行香菇生产的实际要求，培养料配方中常用石膏粉、碳酸钙以及过磷酸钙等物质。有的以改善培养料化学性状为主，有的是用于调节培养料的酸碱度。用量和使用方法上，可参照国家行业新标准NY/ 5099-2002《无公害食品 食用菌栽培基质安全技术要求》中的规定范围，见表2-5。

表2-5 食用菌栽培基质常用添加剂种类、功效、用量和使用方法

添加剂名称	使用方法与用量
尿　素	补充氮源营养，0.1%～0.2%，均匀拌入栽培基质中
硫酸氢铵	补充氮源营养，0.1%～0.2%，均匀拌入栽培基质中
碳酸氢铵	补充氮源营养，0.2%～0.5%，均匀拌入栽培基质中
氰氨化钙(石灰氮)	补充氮源和钙素，0.2%～0.5%，均匀拌入栽培基质中
磷酸二氢钾	补充磷和钾，0.05%～0.2%，均匀拌入栽培基质中
磷酸氢二钾	补充磷和钾，用量为0.05%～0.2%，均匀拌入栽培基质中
石　灰	补充钙素，并有抑菌作用，1%～5%，均匀拌入栽培基质中
石　膏	补充钙和硫，1%～2%，均匀拌入栽培基质中
碳酸钙	补充钙，0.5%～1%，均匀拌入栽培基质中

上述原、辅料及添加剂强调把好“四关”。采集质量关：原材料采集时要求新鲜、无霉烂变质、无异味，并进行农药残留、

重金属、病原微生物的检测。入库灭害关:原料进仓前须烈日暴晒,杀灭病原菌和害虫、虫蛹蛆。贮存防潮关:仓库要求干燥、通风、防雨淋、防潮湿。堆料发酵关:原料使用时,提前堆料发酵,杀灭潜伏在料中的杂菌与虫害。

五、栽培袋规格质量标准

(一)塑料袋原料要求

栽培袋的原料为塑料薄膜筒料,要求符合国家标准 GB 9687-1998《食品包装聚乙烯成型品卫生标准》。栽培袋的原料应选用高密度低压聚乙烯(HDPE)薄膜加工制成的筒料或成型袋,这是常压灭菌条件下袋栽香菇常用的一种理想薄膜袋。市场上聚丙烯袋虽耐高压、透明度好,但质地硬脆,不易与料紧贴,且遇冷易破裂,因此不理想。

(二)栽培袋规格

香菇栽培袋规格,依据栽培方式不同和使用习惯而定。现有各产区常用以下 4 种规格(袋折径宽×长×厚)。

1. 露地栽培 常用规格为 15 厘米×55 厘米×0.04 厘米。

2. 埋筒覆土栽培 常用规格为 15 厘米×65 厘米×0.04 厘米。

3. 架层集约培育花菇 常用规格 17～20 厘米×55 厘米×0.045～0.05 厘米。

4. 小棚大袋培育花菇 常用规格 24～25 厘米×55 厘米×0.05 厘米。

（三）质量标准

优质塑料袋要求达到 4 个标准。

第一，薄膜厚薄均匀，袋径扁宽大小一致。

第二，料面密度强，肉眼观察无砂眼，无针孔，无凹凸不平。

第三，抗张强度好，剪 2～4 圈拉开不断裂。

第四，耐高温，装料后经 100℃ 常压灭菌保持 16～24 小时，不膨胀、不破裂、不熔化。

（四）成袋方法

如果购买工厂生产成捆的筒料，先按所需的袋子长度截成小段，再将一端用白色塑料带或纱线扎紧，反折袋口薄膜再扎一道，使之不漏气，灭菌时不散口，逐个袋扎口即成栽培袋。如果是工厂机械封口一端的成型的塑料折角袋，就可直接装料。这里特别提示：扎袋口的塑料带不得使用红、绿等颜色的，以防菇体染色。

六、配套机械设备标准

（一）原料切碎搅拌机械

1. 枝丫切碎机　利用树木、果、桑枝丫或棉秆、玉米芯、葵花秆等做原料的地区，必须购置原料切碎机。这是一种木材切片与粉碎合成一体的新型机械。生产能力每小时 1 000 千克/台，配用 15～18 千瓦电动机或 11 千瓦以上柴油机。

2. 培养料搅拌机　选用新型自动化培养料搅拌机，该机以开堆、搅拌器、惯性轮、走轮与变速箱组成，配用 2.2 千瓦电机及漏电保护器，生产效率 5 000 千克/时。体积 100 厘米×90 厘米×90 厘米（长×宽×高），占地面积 2 平方米，是目前体积小，产量高，实用性强的新型设备，获国家发明专利（专利号：ZL 2003201606494.9），出厂价 3 880 元/台。为方便菇农，生产厂家提供资料与光盘。地址：福建省古田县河东路 5 号，邮编：352200，咨询电话：0593-3833062 手机：13706027773。

（二）培养料装袋生产线机械

具有一定规模的生产基地，可选用现代化培养料混合松碎、筛选及自动化装袋生产线的成套机械设备。其中装袋生产线生产能力 1 500 袋/时，配电源 380 伏，功率 3 千瓦，占地面积 12.5～14.5 平方米，可装不同规格的塑料袋。自动化程度比较高，且装料均匀，质量较理想，适于企业大规模生产菌袋。该生产线系福建省机械科学研究院农机化所研制和漳州市兴业食用菌机械厂生产，厂院协作共同开发的现代化设备，1995 年 12 月通过省级新产品鉴定，1996 年获省科技进步二等奖。产品销往国内外（系列产品介绍详见附录二）。一般菇农可购置多功能装袋机，配用 0.75 千瓦电动机，普通照明电压，生产能力每小时 1 000 袋/台，配用多套口径不同的出料筒，可装不同折幅的栽培袋。

（三）产品加工分级机械

1. CGH-30AY 电脑控制燃油烘干机 该机为组合箱体结构，配有电脑程序控制，电子眼安全监测，程序贮存记忆，运行状态显示，为国内较为先进的烘干设备，配置进口燃烧机，用 750 瓦电动机、220 伏电源，控温范围 0℃～15℃，超温故障双重保护。配烘干筛 60 个，每次可烘鲜菇 600 千克。

2. 产品分级机械　香菇干品分级有筛床式和滚筒式分级机。目前国内较为先进的自动化分级分拣生产线，包括喂料机，分级除尘机，分拣机，金属异物探测和小包装机组，流水作业设施。

(四)灭菌设施

香菇生产灭菌设备，包括菌种制作所需的高压灭菌锅和栽培袋常压灭菌灶两类：一是高压灭菌锅。菌种生产单位，必备立式或卧式高压灭菌锅。生产厂家必须具有安全部门颁发的压力容器安全生产许可证、产品合格证、使用说明书。高压灭菌锅除安装有压力表、放气阀、安全阀外，还有进水管、排水管等装置。二是常压灭菌灶。常压灭菌灶是香菇料袋灭菌不可缺少的设备。生产规模大的单位可采用砖砌灶台，其体长280～350 厘米，宽 250～270 厘米，高 60～80 厘米。灶上配

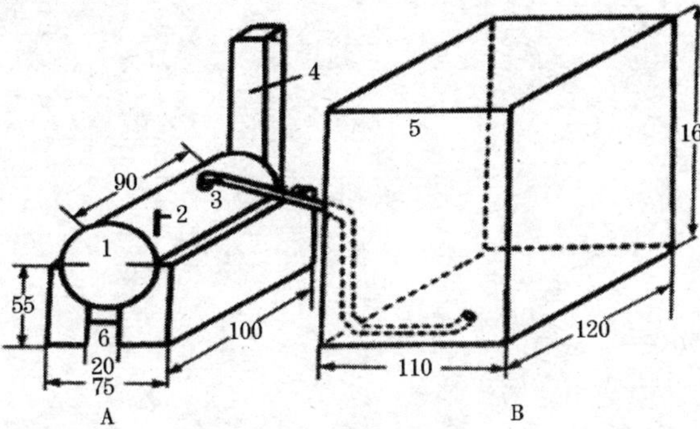

图 2　蒸汽炉节能灭菌灶结构示意图　(单位:厘米)

A. 蒸汽炉　B. 灭菌箱框

1. 油桶　2. 加水孔　3. 蒸汽管

4. 烟囱　5. 大门　6. 灶口

备 0.4 厘米钢板焊成与灶台长宽相等的平底锅。锅上安装 8 条木桩，料袋重叠在离锅底 20 厘米的垫木上。叠袋后罩上薄膜篷篷布，用绳捆牢，1 次可灭菌料袋 6 000～10 000 袋。一般栽培户采用蒸汽炉和框架罩膜组成的节能灭菌灶，也可以利用汽油桶加工制成蒸汽炉灭菌灶，每次灭菌料袋多则 3 000～4 000 袋，少则 1 000 袋均可，其灶体结构见图 2。

第三章　香菇标准化生产菌袋生产技术标准

一、菌袋生产工艺流程

香菇有机栽培的菌袋生产工艺流程，见图 3。

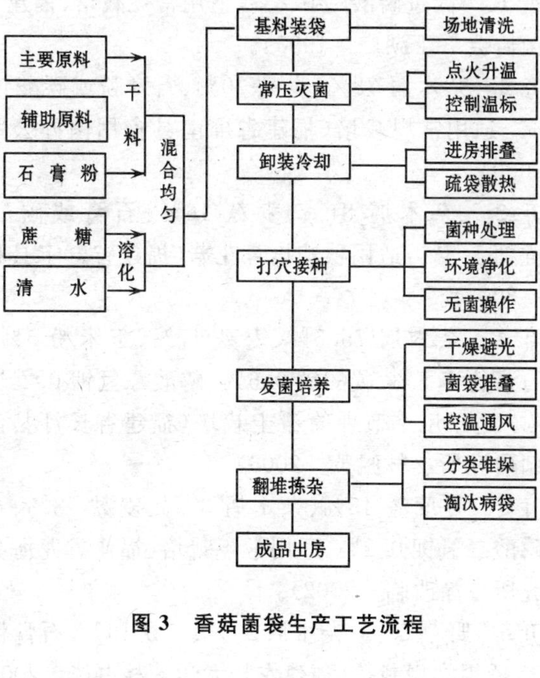

图 3　香菇菌袋生产工艺流程

二、培养料配方标准

香菇菌袋的培养料配方，无论是春栽或是秋栽，无论是露地立筒栽培或是埋筒覆土栽培，以及架层培育花菇等，其所用的培养料配方一般可以通用。下面介绍各主产区生产实践报告的配方，供栽培者因地制宜选择取用。

(一)福建配方

配方1 杂木屑76%、麦麸18%、玉米粉2%、石膏粉2%、蔗糖1.2%、过磷酸钙0.8%，适用常规栽培(福建省古田县食用菌协会 丁湖广 1993)。

配方2 杂木屑78%、麦麸20%、石膏粉或碳酸钙1%、蔗糖1%。适用常规栽培(福建省屏南县食用菌办公室 张维瑞 2000)。

配方3 杂木屑81%、麦麸16%、石膏或碳酸钙粉1.5%、蔗糖1.5%，适用秋栽培育花菇(福建省寿宁县科委 叶乃波 2001)。

配方4 杂木屑75.5%、麦麸17%、玉米粉5%、食盐0.1%、石膏粉1.5%、碳酸钙0.6%、磷酸二氢钾0.2%、硫酸镁0.1%。适于反季节埋筒覆土栽培(福建省长汀县南山英海食用菌研究所 林佩英 2006)。

配方5 甘蔗渣45%、杂木屑35%、麦麸18%、石膏粉1.8%、磷酸二氢钾0.2%，适用常规栽培(福建省龙海九湖食用菌研究所 涂改临 2002)。

配方6 野草63%、杂木屑20%、麦麸15%、石膏粉1%、红糖1%，适用常规栽培(福建农林大学 林占禧 2000)。

配方7 油茶壳50%、杂木屑28%、麦麸17%、玉米粉2%、石膏粉2%、白糖1%，试验栽培（福建省长汀县农业局 陈广先 2006）。

配方8 谷壳30%、杂木屑48%、麦麸20%、石膏粉1%、蔗糖1%，试验栽培（福建省南平市农科所 陈君伟 2003）。

配方9 竹屑78%、麦麸20%、石膏粉1.5%、活性炭0.2%、硫酸镁0.1%、磷酸二氢钾0.1%、石灰0.1%，供试验栽培（福建省宁化县食用菌办公室 2003）。

配方10 栗壳屑30%、杂木屑48%、麦麸17%、玉米粉2%、石膏粉2%、蔗糖1%，供试验栽培（福建省长汀县武乡农技站 江树友 2004）。

（二）浙江配方

配方1 杂木屑78%、麦麸20%、红糖1%、石膏粉1%（浙江省林业科学院生物技术研究所 吴学谦 2003）。

配方2 杂木屑75%、麦麸15%、玉米粉3%、黄豆粉3%、石膏粉2%、石灰1%、红糖1%（浙江省庆元县微生物研究所 周松珍 2006）。

配方3 杂木屑83%、麦麸15%、石膏粉1%、蔗糖1%（浙江省庆元县食用菌科研中心 陶祥生等 2006）。

（三）湖北配方

杂木屑80%、麦麸或米糠18%、红糖1.2%、尿素0.3%、过磷酸钙0.5%（华中农业大学 吕作舟 1994）。

（四）安徽配方

配方1 杂木屑78%、麦麸16%、玉米粉3%、石膏粉

1.5%、蔗糖1%、过磷酸钙0.5%(安徽省东至县　2003)。

配方2　杂木屑78%、麦麸20%、石膏粉1%、蔗糖1%(安徽省淮北市农科所　闻有权　2004)。

(五)河南配方

配方1　杂木屑80%、麦麸18%、石膏粉1%、尿素0.5%、过磷酸钙0.5%(河南省西峡县王岗村　闫新发等　2006)。

配方2　杂木屑40%、花生壳或棉花秆40%、麦麸16%、玉米皮或豆饼3%、石膏粉1%(河南省西峡县王岗村　张良英等　2006)。

配方3　果枝屑80%、麦麸18%、石膏粉1%、蔗糖1%(河南省郑州市园艺经作站　赵边波　2004)。

配方4　玉米芯55%、杂木屑25%、麦麸17.48%、石膏粉2%、硫酸镁0.5%、石灰0.02%(河南省泌阳县泰山庙乡　贾长林　1990)。

配方5　大豆秆40%、杂木屑20%、玉米芯20%、麦麸17%、石膏粉2%、红糖1%(河南省泌阳县食用菌研究所　禹宗本　2000)。

配方6　果木屑59%、棉籽壳15%、玉米芯10%、麦麸15%、石膏粉1%(河南省安阳市农业局　王新海　2006)。

配方7　棉秆粉60%、杂木屑23%、麦麸15%、石膏粉1%、红糖1%(河南省南阳师范学院生物　2001)。

(六)河北配方

配方1　杂木屑78%、麦麸20%、石膏粉1%、白糖1%(河北省平泉县食用菌办　杨涛等　2006)。

配方 2 玉米芯 40%、杂木屑 20%、豆秆 20%、麦麸 13.5%、玉米粉 3%、石膏粉 1%、石灰粉 1%、添加剂 1.5%(河北省农业环保站 安洙平等 2001)。

(七)山东配方

配方 1 杂木屑 77%、麦麸 20%、白糖 1%、石膏粉 1%、菇宝 1%(山东省栖霞市食用菌办 王华、李志勇等 2006)。

配方 2 果枝屑 62%、棉籽壳 20%、麦麸 15%、食糖粉 1%、石灰粉 1%、石膏 1% (山东省烟台市牟平区农技站 丛明月 2000)。

(八)山西配方

配方 1 杂木屑 76%、玉米粉 2.7%、麦麸 20%、白糖 1%、过磷酸钙 0.3%(山西农业大学 王柏松、江日仁 1991)。

配方 2 棉籽壳 30%、杂木屑 30%、稻草 20%、麦麸 18%、白糖 1%、过磷酸钙 0.5%、石膏粉 0.5%(山西农业大学 王柏松、江日仁 1991)。

配方 3 玉米芯 50%、杂木屑 27%、麦麸 20%、石膏粉 2%、蔗糖 0.8%、硫酸镁 0.2%(山西省原平农校 李志超 1998)。

配方 4 果枝屑 60%、玉米芯粉碎 18%、麦麸 20%、石膏粉 1%、玉米粉 1%(山西省长治市微生物研究所 张建忠 2006)。

配方 5 葵花籽壳 58%、杂木屑 20%、麦麸 16%、豆粉 2.5%、石膏粉 2%、蔗糖 1.2%、磷酸二氢钾 0.3%(山西省原平农校 李志超 1998)。

(九)陕西配方

杂木屑 77.5%、麦麸 18%、玉米粉 2%、石膏粉 1.5%、蔗糖 1%(陕西省安康市配方　2003)。

(十)甘肃配方

配方 1　棉籽壳 50%、玉米芯 30%、麦麸 15%、玉米粉 2%、过磷酸钙 1.5%、石膏粉 1.5%。

配方 2　棉籽壳 55%、玉米芯 25%、麦麸 15%、玉米粉 3%、过磷酸钙 1%、石膏粉 1%(甘肃省河西学院食用菌研究所　于海萍、魏生龙　2006)。

(十一)辽宁配方

配方 1　杂木屑 85%、麦麸 10%、玉米粉 2%、豆粉 1%、石灰粉 1%、石膏粉 1%(辽宁省食用菌技术培训中心　田敬华　2003)。

配方 2　杂木屑 45%、玉米芯 40%、麦麸 10%、玉米粉 2%、豆粉粉 1%、石灰粉 1%、石膏 1%(辽宁省新宾县 2001)。

(十二)黑龙江配方

杂木屑 1 000 千克、麦麸 10 千克、玉米粉 3 千克、石膏粉 1 千克、石灰粉 1 千克、添加剂 1 包,适用生料栽培(黑龙江省大庆市石化总厂食用菌场　1997)。

(十三)新疆配方

杂木屑 68%、棉籽壳 22%、麦麸 7%、玉米粉 2%、石膏粉

1%(乌鲁木齐食用菌研究所　侯绪营等　2006)。

三、配料操作技术标准

(一)物料定量标准

按照一般配方,栽培 10 000 袋的香菇,其所需的物料量见表 3-1。

表 3-1　栽培 10 000 袋香菇所需物料量

物料名称	单　位	数　量	物料名称	单　位	数　量
一、原辅料			封穴口胶布	筒	48
木　屑	千克	8000	扎袋头纱线	千克	2
麦　麸	千克	2000	三、消毒品		
蔗　糖	千克	120	气雾消毒剂	盒(50 克)	20
石膏粉	千克	200	酒　精	千克	8
过磷酸钙	千克	48	四、菌　种		
二、材　料			母　种	支	4
塑料栽培袋	千克	70	原　种	瓶	12
4 米宽塑料膜	千克	65	栽培种	瓶	500

(二)培养料碳氮比例标准

标准化生产中培养料碳源和氮源比例,即碳氮比(C/N)是长菇中的一项重要因素。

1. 碳氮比例标准　常规栽培的碳氮比一般要求 25～30∶1,而花菇在菌丝营养生长阶段碳氮比则要求 30～35∶1。因此,必须根据不同栽培形式的需要掌握好碳氮比例,在培养料配方中，不可随意添加氮素。在子实体原基分化和生长阶段，如果氮的浓度过高，酪蛋白氨基酸超过 0.02%时，原基分化就会受到抑制，子实体难以形成。

2. 组分计算方法 把各类原材料的碳素相加，所得总量除以各种原、辅料的氮素相加所得的商数，就得出碳氮比。为了便于计算，这里介绍主要原、辅料碳、氮含量，见表 3-2。

表 3-2 主要原、辅料碳氮含量 （单位：%）

类别	杂木屑	棉籽壳	玉米芯	麦麸	米糠
碳	75.8	64.6	63.4	69.9	49.7
氮	0.39	17.6	3.19	11.4	11.8
碳氮比	194∶1	3.6∶1	22∶1	6.1∶1	4.2∶1

举实例计算：杂木屑 1 000 千克，麦麸 200 千克，其碳氮比见表 3-3。

表 3-3 培养料碳氮比计算表

品名	原料量（千克）	碳量		氮量	
		含碳（%）	应有碳量（千克）	含氮（%）	应有氮量（千克）
杂木屑	1000	75.8	758	0.39	3.9
麦麸	200	69.9	139.8	11.4	22.8
合计	1200	—	897.8	—	26.7

按上述实例用量的碳氮比＝897.8÷26.7＝33.6∶1，即碳氮比为 33.6∶1。适合花菇培养料。如常规栽培的，麦麸配用比例适当调低些即达标。各种原、辅料的碳、氮含量不一，在选料时应先查出其碳、氮百分比含量，并按照上述方法进行测算，以达到配方 C/N 的合理性。

(三)配料操作规程

按照选定的培养基配方中的种类和比例,称取原、辅料和清水,混合搅拌,配制成培养基,具体做法与要求如下。

1. 选择场地 以水泥地和木板坪为好。泥土地因含有土沙,加水后泥土溶化会混入料中,不宜采用。选好场地后进行清洗,并清理四周环境。

2. 规范配制程序 原料配制分为过筛、混合、搅拌3个环节,规范操作如下。

(1)过筛 先把木屑、麦麸等主要原、辅料,分别用2~3目的竹筛或铁丝筛过筛,剔除小木片、小枝条及其他有棱角的硬物,以防装料时刺破塑料袋。

(2)混合 先将木屑、麦麸、石膏粉搅拌均匀,然后把可溶性的添加物如蔗糖、尿素、过磷酸钙、硫酸镁、磷酸二氢钾等溶于水中,再加入干料中混合。

(3)搅拌 采用自动化搅拌机时,将料混合集堆,拌料机开堆、搅拌,反复运行,使料均匀。农村手工搅拌必须采取集堆,开堆,反复搅拌3~4次,使水分被原料均匀吸收。如果选用棉籽壳配方时,应提前1天将棉籽壳加水使水分渗透棉籽壳中。然后过筛打散结团。过筛时应边洒水,边整堆,防止水分蒸发。

(四)两项测定标准

1. 含水量测定 培养料含水量要求达到58%~60%。测定方法:即手握紧培养料,指缝间有水滴为标准。若手握料,指缝间水珠成串下滴,掷进料堆不散,表明太湿。经检测,如果水分不足,加水调节;若水分偏高,不宜加干料,以免配方比例失调，只要把料摊开，让水分蒸发至适度即可。

2. 酸碱度测定 香菇培养基灭菌前，pH 值 6～7(灭菌后自然降至 5～6)测定方法：称取 5 克培养料，加入 10 毫升中性水，用石蕊试纸蘸澄清液即可查出酸碱度。也可取广谱试纸一小片，拌入培养料中 1 分钟后，取出对照标准板比色，从而查出相应的 pH 值。经过测定，如培养基偏酸，可加 4% 氢氧化钠溶液进行调节，或用石灰水调节至达标。

(五)掌握关键控制点

1. 含水量控制 调水掌握“四多四少”即：一为基质颗粒细或偏干的，吸水性强，水分宜多些；基质颗粒硬或偏湿的，吸水性差，水分应少些。二为晴天水分蒸发量大，水分应偏多些；阴天空气湿度大，水分不易蒸发，则偏少些。三为配料场所是水泥地的因其吸水性强，水分宜多些；木板地吸水性差，水分宜调少些。四为海拔高和秋季干燥天气，用水量略多；气温 30℃以下配料时，含水量应略少些。

2. 均匀度控制 配料时要求做到“三均匀”，即原料与辅料混合均匀，干湿搅拌均匀，酸碱度均匀。

3. 操作速度控制 常因拌料时间延长，培养料发生酸变，接种后菌袋成品率不高。因此，当干物质加入水分后，从搅拌至装袋开始，其时间不要超过 2 小时，做到搅拌分秒必争，当天拌料，及时装袋灭菌，避免基质酸变。

4. 污染源控制 原料要求足干，无霉变，无异味，在配制前置于烈日下暴晒 1～2 天。拌料选择晴天上午气温低时开始，争取上午 12 点前拌料结束，转入装料灭菌。

四、培养料装袋技术规程

装袋采用机械装袋或是手工装袋均可。下面介绍半自动化装袋机操作规程。

(一)人手配备

装袋机操作熟练的,台/时可装料 1 000 袋。每台机械配备 7 人为 1 组,其中填料 1 人,套袋装料 1 人,传袋 1 人,捆扎袋口 4 人,男、女均可。

(二)装袋方法

培养料装袋分为机械和手工两种装袋法。

1. 机械操作 采用多功能装袋机,使用前先换上与袋相适应的套筒,并检查机件各个部位螺栓是否拧紧,传动带是否灵活。然后按开关接通电源,装入培养料试机,搅拌转速为 650 转/分。装料时先将薄膜袋未封口的一端张开,整个袋套进装袋机出料口的套筒上,双手紧托。当料从套筒源头输入袋内时,右手撑住袋头往内紧压,形成内外互相挤压,料入袋内更坚实。此时左手托住料袋顺其自然后退,当填料接近袋口 6 厘米处时,料袋即可取出竖立,并传给下一道捆扎袋口工序。

2. 手工操作 手工装袋大多安排女工,装料时先把袋口张开,用手把料塞进袋内。当装料达 1/3 时,提起袋料在地面上振动几下,让料落实后再用大小相应的木棒(或啤酒瓶)将袋内料压实。装至满袋时,用手再填料,并旋转下压或在袋口拳击数下,使袋料紧实无空隙,然后再填充至足量。袋头留薄膜 6 厘米，转入扎口，方法同机械操作。操作熟练的女工，每人每小时能装料 100 袋。

在装袋方式上各地亦有创新，浙江省庆元县吴克甸近年研制成一种花菇培养料装袋，外用常规塑料袋，内套保水膜袋 1 个，装料时两袋合在一起同时进料。这种保水膜是采用特殊塑料组合的原料制成，具有易裂不碎，不附着菇体的特点。当菌丝生理成熟后，适时脱去外袋，保持内膜，菇蕾就可自然破膜顶出袋外，产出的花菇卫生，又免于割膜长菇的工序，不妨一试。

（三）装量标准

装料量由于基质差异极大，木料硬松有别，玉米芯、甘蔗渣等较为疏松，因此装料量标准无统一的规定。下面介绍一般杂木屑培养料配方的装料量供参考。见表 3-4。

表 3-4 不同规格香菇栽培袋的装料量一览表

料袋规格长×宽(厘米)	干料容量(千克/袋)	装袋后湿重(千克/袋)
15×55	0.9～1.0	2.0～2.3
15×65	1.1～1.15	2.4～2.5
16.5×65	1.2～1.25	2.5～2.6
17×55	1.1～1.2	2.4～2.6
20×55	1.4～1.5	3.1～3.3
25×55	1.9～2.0	4.3～4.5

（四）袋口捆扎

按装入量先增减袋内培养料，使之足量。然后清理袋口剩余 6 厘米薄膜内的空间，扫掉沾的木屑，用纱线捆扎袋口

3～4圈后，再反扎过来又扎3圈，袋头即密封。机装速度极快，如果扎口操作来不及，袋子填料后，应捏紧袋口薄膜反折过来，把料袋倒置于操作场上，以防“爬料”。

(五)装袋“五达标”

培养料装袋要求“五达标”。

1. 松紧适中　培养料松紧度的标准，应以成年人手抓料袋，五指用中等力捏住，袋面呈微凹指印，有木棒状感觉为妥。如果手抓料袋两头略垂，料有断裂痕，表明太松。

2. 不超时限　装袋要抢时间，从开始到结束时间不超过3小时。无论是机装或是手工装，应安排好人手。

3. 紧扎袋口　袋口要求捆扎牢固、不漏气，防止灭菌时袋料受热后膨胀，气压冲散扎头，袋口不密封，杂菌从袋口进入。

4. 轻取轻放　装料和搬运过程要轻取轻放，不可硬拉乱摔，以免破裂料袋。

5. 日料日清　培养料的配装量要与灭菌设备的吞吐量相衔接，做到当日配料，当日装完，当日灭菌。

培养料经过装袋后即成为营养袋，简称料袋。

五、料袋灭菌技术标准

料袋灭菌采用常压高温灭菌法，可达到杀灭有害微生物的预期目的。灭菌标准为“六关键”。

(一)及时进灶

培养料营养丰富，装入袋内容易发热，如未及时上灶灭菌,酵母、细菌则加速增殖,将基质分解,导致酸败。因此装料后要立即进灶灭菌。

(二)合理叠袋

料袋进灶采取自下而上重叠排放,上下袋形成直线;前后袋要留有间隙,使气流自由畅通,蒸汽能均匀运行。大型罩膜灭菌灶1次容量3 000袋以上的,其叠袋方式可采取四面转角处横直交叉重叠,中间与腹直线重叠,上下层倾斜,防止倒塌。但内面要留一定的空间,让气流正常运行。料袋全部叠好后罩紧薄膜,外加麻袋或篷布罩密,然后用绳索缚扎于灶台旁的钢钩上,四周捆牢,上面压木板加石头,以防蒸汽压力把罩物冲飞。

(三)控制温标

料袋上灭菌灶后,立即旺火猛攻,使温度迅速上升至100℃。一般灭菌灶的灭菌时间保持16～18小时,中途不停火,不掺冷水,不降温,使之持续灭菌,防止“大头、小尾、中间松”的现象。大型罩膜灭菌灶由于气体膨胀,罩膜内升温较快,从点火至100℃不需2小时。由于容量大,所以上升至100℃后应保持20～24小时,才能达到彻底灭菌的目的。

(四)认真观察

用棒形温度计插入温度观察口内,观察温度。确保温度保持100℃不降温,同时注意及时补充锅内热水,防止干锅。

(五)卸袋搬运

达到灭菌要求后,转入卸袋工序。卸袋首先让灶内热源散发，然后揭开罩物，让温度降至 60℃ 以下时，方可趁热卸袋。如发现袋头扎口松散或袋面出现裂痕的，随手用纱线扎牢袋头，胶布贴封裂口。卸下的料袋用板车或拖拉机运进冷却室内，车板上要铺麻袋，上面盖薄膜，防止刺破料袋和雨水淋浇。

(六)疏袋散热

料袋卸灶后及时搬进冷却室内，进行疏袋散热。通常冷却时间需 24 小时，直至手摸袋无热感，袋内温度降至 28℃ 以下为宜。检测方法用棒形温度计插入袋料中观察温度。

六、接种无菌操作技术标准

(一)接种场所要求

接种场所环境条件好坏，关系到菌袋接种的成品率，因此对接种场所要求比较严格。现行做法有以下 2 种。

1. 无菌室 又叫接种室，专业性厂(场)建造无菌室。其结构分为内外两间，外间为缓冲室，面积 2 平方米；内间为接种室，面积 5 平方米，高约 2.5 米，房顶装天花板，地面墙壁要平整光滑、无缝隙；门窗要紧密、朝南北一面安装双层固定玻璃窗，有条件时可安装空气过滤器，形成净化接种室。标准化接种室内安装支架垂直流和链板式输送机和空气自净器，室内工作台。接种室和缓冲室的中央，均安装紫外线灭菌灯，波长 253 埃和 30 瓦日光灯各 1 盏。农家可利用住房进行清理，并按无菌条件改造，消毒处理。

2. 塑膜接种帐 在北方多在野外塑料大棚和日光温室

内，采用 4 米宽的聚乙烯塑料薄膜围罩成“接种帐”。四周衔接处用胶纸密封，帐内面积 5～6 平方米，地面清理平整，铺上细沙盖上地膜，形成无菌状态的接种帐，每帐 1 次可接种 1 000袋左右。

(二)消毒处理方法

接种无论是无菌室或是普通房间作接种室或塑膜接种帐，为达到无菌条件，工作间必须严格消毒，净化环境。要求在接种前做到“两次消毒”，即空房先消毒，料袋进房后再消毒。常用消毒方法有如下几种，可任选一种。

1. 喷洒法 在室内喷洒 1～2 次等量的 500 倍波尔多液或 1%的漂白粉溶液杀菌；然后再用 5%石炭酸溶液 2 次喷雾墙壁、空间和地面，密闭 1 小时后再启用。

2. 熏蒸法 按 15 平方米的房间，用甲醛 500 毫升加入 300 克高锰酸钾混合盛于碗中，产生二氧化硫，熏蒸消毒 12～20 小时。

3. 气雾法 采用气雾消毒剂，每立方米用量 4～6 克。每盒 50 克，15 平方米的房间使用 2 盒。使用时用火柴或烟头点燃，即喷出白色烟雾，密闭 30 分钟以上可达灭菌的目的。

4. 照射法 用紫外线灯照射消毒，每次接种前将各种器具移入室内。一般每 40 立方米的接种室，需用 2 盏 30 瓦紫外线灯，照射 2 小时后，才能达到消毒的要求。紫外线照射时，人员要离开室内，以防眼角膜、视网膜受伤。紫外线对杀灭细菌可靠，对真菌可靠性较差。

第一次空房消毒时间，应在接种前 24 小时进行，消毒方法宜用药物喷洒或熏蒸法。而在料袋进房后再次消毒时，应在接种前 1 小时进行，消毒方法不宜采用水剂药物喷洒法，防止增加湿度。因此，应采用气雾消毒盒、紫外线照射消毒，其用量和方法与第一次消毒相同。

(三)菌种质量要求

用于作为有机栽培的香菇菌种，无论是从专业性制种单位购买的，或是自行扩接培育的菌种，其菌龄以 35～40 天为宜，种质要求如下。

第一，菌种纯度达 100%，不得带有杂菌污染，不得有怀疑或不正常现象存在。

第二，菌丝健壮，长势有力，均匀、整齐，分支浓密。

第三，色泽浓白，气生菌丝旺盛呈棉絮状，不出现萎黄或白中带黄、变红。

第四，打开棉塞闻有芳香气味，无酸臭味、霉变味和异味。

第五，培养基与菌丝体互相连接不松散，手捏基质有水印出现。

如果瓶壁出现水珠，菌丝萎缩与瓶壁脱离，表面菌被变褐色，培养料干涸松散，或出现酱红色斑点，原基扭结则说明菌种老化，质量不合标准；若发现菌丝长势中断或色泽变黄，以及红、绿、黄、黑色斑点状杂菌污染，则为劣质菌种，应淘汰。

(四)接种无菌操作规程

1. 时间选择 选择晴天午夜或清晨接种，此时气温低，杂菌处于休眠状态，有利于提高菌袋接种的成品率。雨天空气湿度大，容易感染霉菌，不宜进行接种。

2. 菌种预处理 菌种准备量按每瓶菌种接种 20～25 袋计算。事先拔掉瓶口棉塞，再用塑料薄膜包裹瓶口，然后搬入接种箱内，再用接种铲伸入菌种瓶内，把表层老化菌膜挖出。

如发现有白色扭结团的也要镊出，并用棉球蘸75%酒精，擦净瓶壁四周。然后系好瓶口，再搬进接种室内。

3. 接种物入室 将灭菌后的料袋搬入无菌室或接种帐内后，连同菌种、接种工具、酒精灯进行第二次消毒。先用气雾消毒剂熏30分钟以上，接种前40～60分钟，再用紫外线灯照射30分钟，达到无菌条件。工作人员穿戴工作服、帽和口罩及拖鞋。农家接种人员，要求洗净头发并晾干，更换干净衣服，方可入室。接种前双手用75%酒精擦洗或戴乳胶手套。

4. 打穴接种 用纱布蘸75%酒精，在培养基袋面迅速擦一遍，起到消毒和清洗残留物的作用。再采用空心打洞器或用木条制成尖形打穴钻，在料袋的正面，按等距离打2～3个接种穴，用弹簧接种器接入香菇菌种；然后再翻一面错开对面孔穴位置打2个接种穴，同样接种封口。穴口直径1.5厘米，深2厘米。最好用与穴口粗细相同的木钻，向内压一下，使穴内四周平实，然后贴封穴口。打穴、接种、封口见图4。

接种规范操作。每支弹簧接种器配备4人为一组，分别为传袋、打穴、接种、封口流水作业。一般1次接种1 500袋需安排2组，在3小时内完成接种量。接种时先揭开菌种瓶上的塑料膜，用接种器从瓶内提取菌种，迅速地通过酒精灯火焰区，对准料袋的接种穴，把菌种接入穴内。尽量接满穴口，最好菌种略高出料面1～2毫米。继之顺手用毛刷把散落在穴口四周的木屑扫净，再用胶布或胶纸封口，并顺手下压，使之紧贴穴口。

穴口贴封方式多样，北方气候干燥，常用胶膜、胶纸、胶布或用套袋方式。南方产区采用加大接种量，使菌种高于穴口1～2毫米，顺手按压，使菌种满口盖边，形成“T”字形状，就不用封口物封口。在接完一面穴口后，把料袋反转到另一面。

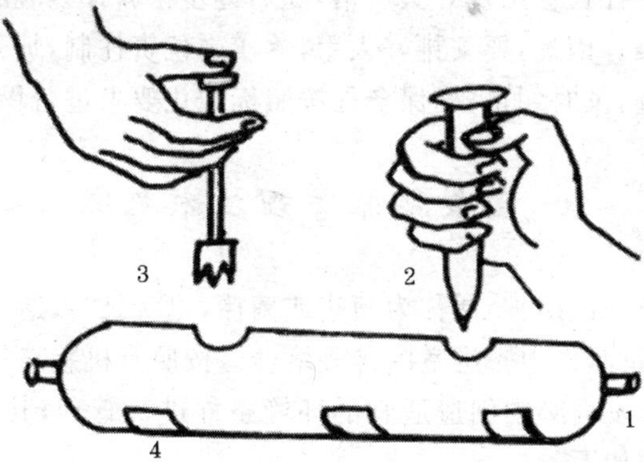

图 4　打穴接种封口示意图

1. 料袋　2. 打穴　3. 接种　4. 封口

也可以单面打 4 个穴口接种。一般 750 毫升菌瓶的菌种，可接种20～25 袋。一批料袋接完，再换第二批料袋，待全部接种完后一起搬出，置于培养室内养菌。

5. 接种后通风　每一批料袋接种完毕，必须打开门窗通风换气 30～40 分钟，然后关闭门窗重新进袋、消毒，继续接种。有的菇农接种常在普通房间内设接种帐，密封性较好，但接种后不揭膜通风，由于室内酒精灯和人的体温，加上接种时打开穴口料内水分的蒸发，形成高温、高湿，带来杂菌的积累，容易造成污染。

6. 清理残留物　在接种过程中，菌种瓶的覆盖膜废弃物，尤其是工作台及室内场地上的杂质，必须集中一角，不要乱扔。待每批料袋接种结束后，结合通风换气，进行一次打扫清理，保持场地清洁，杜绝杂菌污染源。

7. 加强岗位责任　由于香菇生产规模较大，一般每次接种 3 000～5 000 袋，多的 10 000 袋，接种工作量相当大。在操作过程中往往会出现开头严格，随后逐步松懈掉以轻心，以至杂菌污染。因此，要安排好人手，落实岗位责任制，加强管理，认真检查，及时纠正，确保全程按照标准化要求进行操作。

七、菌袋培养管理技术标准

料袋一经接种，便称为菌袋或菌棒，也就是“人造菇木”的基质，要及时集中搬进室内排叠培养。按照有机栽培的要求，菌丝生长发育必须创造适宜的环境条件进行管理，其技术规程和标准如下。

（一）菌袋堆垛标准

菌袋堆叠方式，应按“井”字形横直交叉重叠。前期每层排 4 袋，依次叠堆至 10 层，计 40 袋为一堆，按此方式堆叠，形成许多堆。每 15 平方米的房间可堆叠 1 200 多袋。为防止菌种从穴口脱落，接种后一般不要立即搬动，接种帐接种的菌袋原地不动，只要拉开接种帐移到另一方位；无菌室接种的，就地堆叠培养，待 6～7 天菌丝定植吃料后，再搬出叠堆。秋季接种期间气温稍高，叠袋时要防止闷种，菌袋的接种穴应朝向侧面，防止上下袋之间压菌，影响透气。而春季接种气温低，菌袋可采取上下袋穴口对穴口重叠，有利于菌丝萌发，随着菌丝发育自身热量增加，应逐步疏袋排叠。菌袋排叠形式见表 3-5。

（二）养菌分期控温标准

菌袋培养的不同生长期，其气温、堆温和菌温相应发生变化，应及时加以调节，防止高温危害。

1. 萌发期 接种后的菌袋头3天为发菌期，室温要高1℃～2℃，有利于菌丝萌发定植，此时室内温度宜控制在27℃左右。如果气温低于22℃，可采用薄膜覆盖菌袋，使堆温提高，以满足菌丝萌发的需要。

2. 生长期 接种4～5天后为生长期，接种穴四周可以看到绒毛状的菌丝，逐步向料中和四周蔓延伸长。培养半个月后随着菌丝加快发育生长，菌温会比室温高出2℃～3℃，此时室内温度调节至25℃左右为适。叠袋可由原来4袋交叉重叠，调整为3袋交叉重叠，使堆温相应降低，促使菌温下降。

3. 旺盛期 当菌袋培养20～25天后，菌丝已进旺盛生长状态。此时需把穴口上封盖物去掉，让氧气透进料内。这阶段温度宜控制在23℃～24℃，特别注意防止高温。如果室温为27℃，菌温就超过30℃，堆温也就随着升高2℃～3℃，此时菌温已高达35℃，应及时调整堆形，疏袋散热，以2袋交叉成"井"字形或3袋叉成"△"形重叠为好，以抑制堆温上升，降低菌温。

4. 成熟期 无论是秋栽或是春栽的菌袋，培养至秋季10月份，都已进入成熟期，代谢能力和自身热量比前降低，且此时自然气温也降低。为此室内温度应控制不低于20℃为好，结合翻袋调整堆垛为4袋交叉重叠，有利于保持菌温。

(三)通风换气时限

菌袋培育期间注意通风换气，有利于调节温度。气温高时选择早晨或夜间通风，气温低时中午前后通风。菌袋堆垛大而密时多通风，菌温高时勤通风。除了打开所有门窗，使空气对流外，高温期可用电风扇排风，加大空气流速，降低室内温度。

（四）防湿控光范围

菌袋培养阶段要求场地干燥，空气相对湿度在70%以下为好，防止雨水淋浇菌袋和场地积水潮湿。特别强调：在菌袋培育期间不论何种情况下都不可喷水。菌袋培养室宜暗忌光，门窗应挂窗纱或草窗遮光，但要注意通风，不能因避光把培养室遮盖得密不通风，造成空气不流通。

（五）翻堆检查重点

菌袋在室内培养期间要翻堆4～5次，第一次在接种后6～7天，以后每隔7～10天翻堆1次。翻堆时做到上下、里外、侧向等相互对调，目的是使菌袋均匀地接触光照、空气和温度，促进平衡发育。翻袋时认真检查菌袋，发现杂菌污染的要及时处理。常见袋面和接种口上有花斑、丝条、点粒、块状等物，其颜色有红、绿、黄、黑不同，这些都属于杂菌污染。也有的菌种不萌发。枯萎、死菌，通过检查进行分类处理。凡是受污染的菌袋不能作为标准化（有机）栽培的菌袋，只能转为常规栽培处理。

（六）菌袋培养日程技术控制

为了便于栽培者对照菌袋培养阶段的日程技术，这是以中温偏低型菌株室内养菌时间一般为60～70天为例，其培养管理程序见表3-5。

表 3-5　香菇室内养菌作业程序和技术要求

接种后天　数	菌丝长势	排袋形式	工作要点	环境条件			注意事项
				温度(℃)	湿度(%)	通　风	
1～4	种块萌发定植吃料	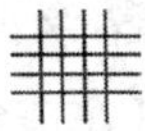	28℃以下关门发菌	25～27	70	超过 28℃，开门通风	净化环境,合理叠堆
5～15	呈绒毛状舒展穴外	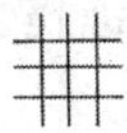	翻堆检查结合通风	25 左右	70	每天 1～2 次,每次 30 分钟	回避光线,严防高温
16～20	蔓延四周 8～10 厘米	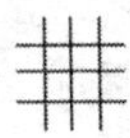	调整堆形处理感染	23～25	70	每天 2～3 次,每次 1～2 小时	对症下药,选优去劣
21～25	穴与穴间菌圈边接	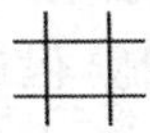	敞开穴口通风增氧	23～24	70	白天关闭,早晚通风	疏袋散热,降低袋温
26～35	分支浓密蔓延袋面	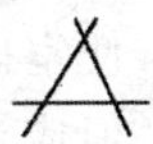	疏堆散热调节堆温	24	70	加强通风,更换空气	准备排场,抓紧疏袋
36～50	洁白健壮瘤状突起	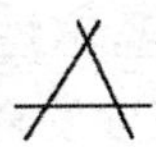	观察长势结合翻堆	22～23	70	加强通风,更换空气	及时检查,防止鼠咬
51～60	2/3 扭结肿瘤		适当引光诱现原基	不低于 20	70	加强通风,更换空气	鉴别成熟,分类堆放
61 以上	由硬转软略有弹性	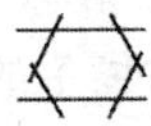	检查菌袋衡量程度	不低于 20	70	加强通风,更换空气	脱袋前的一切准备

八、低温养菌管理技术控制

(一)保温防冻

反季节栽培的菌袋,多在早春 1～2 月份接种,或是长菌龄菌株春季接种，其有利一面是低温杂菌传播能力极弱，相对地使菌袋成品率高；不利的一面是气温低，菌丝生长缓慢，遇到寒流时，常出现菌丝受冻害。为此，早春接种发菌期，应采取菌袋密集堆叠培养，以利于保持菌温。有条件的生产单位，应专门建造保温培养房。在气温低时，可在菌袋叠堆上面加盖薄膜和采取适宜的加温措施，避免菌丝冻伤受害。

（二）合理通风

低温养菌中常常为了保温而将门窗紧闭，使培养室密不透风，加之煤火加温，室内有害气体浓度骤增，对菌丝发育十分不利。保温固然是低温养菌的重要措施，但通风是菌丝生长不可缺少的条件。解决这个矛盾，可采取中午温度高时进行短时间通风，一般控制在20～30分钟，使室内更换新鲜空气。通风后室内温度下降，可继续加温。但应注意的是：早、晚气温低时不宜通风；养菌阶段要求恒温，不需温差刺激，以免造成局部过早出现原基，影响子实体正常发育。

（三）刺孔增氧

低温养菌应结合翻堆进行刺孔增氧，俗称“放气”。刺孔的目的是保障袋内菌丝能正常呼吸，提高袋中的空隙，促进菌丝养分积累，加快生理成熟。具体分为以下3个阶段进行刺孔。“放小气”：结合第二次翻堆时进行，可用牙签或细铁丝刺孔，每个接种穴的周围刺3～4个孔。注意刺孔不能太靠边、太深，对料偏松、偏干的菌袋，可暂不刺孔，要注意防止杂菌进入。“放中气”：结合第三次翻堆时进行，每个接种穴的周围刺4～5个孔。“放大气”：当菌丝长满菌袋10天以上时进行，采用装有多枚铁钉的木板拍打菌袋，可拍打菌袋3个面，而在接种穴的一面不拍打。

刺孔增氧时，掌握菌袋偏湿、偏紧的应多刺孔，菌袋偏干、偏松的应少刺孔。菌袋刺孔增氧后，温度升高，注意疏袋和通风。气温28℃以上时一般不要大规模“放大气”，防止烧菌。

九、花菇菌袋越夏管理技术措施

花菇菌袋越夏是生产中一个极为重要的技术环节。高海拔地区选用L-135、L-939、9015、南花103等春栽的低温型、长菌龄菌株，2～3月份接种后，菌袋需在室内培养至10月份才进棚排架长菇。在这个阶段气温经历低、高、低的变化。特别是6～9月份高温期，管理不当就会造成烧菌。而低海拔地区秋栽，8～9月份接种，其发菌虽处于秋初，有时也出现高温。如果盛夏气温超过28℃时，菌丝生理活动旺盛，新陈代谢加快，袋温、堆温也随之升高，这就容易造成超温，挫伤菌丝活力，甚至引起菌筒解体。因此，花菇菌袋越夏管理不可掉以轻心。具体技术措施如下。

(一)选择适宜场地

夏季菌袋培养必须选择阴暗、凉爽、通风、室温低于30℃的场所，如依山傍水背阳的土木结构培养房或野外林荫下的菇棚，或空阔仓库、防空洞等。在菌袋越夏时，门窗或外棚要加厚覆盖物，周围搭盖遮阳网或芦苇等物，创造适于菌丝生长的环境。

(二)调垛疏袋散热

菌袋越夏应采取不断改变码垛方式，初期采用平地垒叠成墙式，不封口的菌袋采取接种穴对着接种穴互压，以减少菌种块水分蒸发，避免种块变干。采用石蜡和纸胶封口的菌袋，接种穴需侧斜放，防止压住接种穴，待菌丝圈长至直径 8～10 厘米时再进行翻堆。每次翻堆时需改变菌袋排放方式，按“井”、“△”形或塔式堆叠，堆高由原来的 10 层，降低为 8 层。温度高时还需降低至 4～5 层，堆间要留空隙，每 2 行堆间留 40～50 厘米的操作通道，以利于散热降温。

（三）控制振动刺激

越夏菌袋，高温期尽量少振动、少打孔放气，因振动打孔放气就会刺激菌丝加快新陈代谢作用，释放出热量，使室内温度急剧升高。如确实需搬动或进入打孔期需要打孔放气的，也应在凌晨或深夜气温低时，分批少量进行，同时应加强通风。

（四）改善环境条件

有条件的生产单位可在发菌室内设置空调降低温度。一般培养室多用人工调控温度，即打开门窗，室内安装风扇和排气扇，加大空气流量，排除热气；也可加厚门窗外遮阳物，房顶安装微喷设施，喷冷水降温。但应注意室内不宜喷水降温，以免高温、高湿引起杂菌孳生，污染菌袋。

（五）排除袋内黄水

菌袋越夏由于气温高，菌丝分泌黄水积聚在袋内。为此应选择气温下降时，用铁钉刺入菌袋排除黄水，但不可用手挤压菌袋，否则会导致菌皮破裂，引起感染杂菌而烂筒。若袋内出现白色瘤状物，应在其四周刺若干个孔，促使软化，并加大通风量，抑制瘤状物继续发生。

十、花菇菌袋分期刺孔技术标准

花菇选用长菌龄的菌株，其菌丝体处在密封的塑料袋内，阻碍了氧气的输入和二氧化碳的排出，抑制了木质素的降解和菌丝体养分的贮藏，从而也影响子实体的形成和发育。为此，长菌龄的菌株如 L-939、L-135、9015、南花 103，其菌龄都在 160～180 天。在养菌期间需要给菌袋进行适时刺孔通气，促使菌丝生长加快，粗壮洁白。在菌丝进入成熟期刺孔通气，可使瘤状物软化，有利于菌丝体均匀转色；刺孔可调控袋内含水量，促进菌丝达到生理成熟。刺孔可分 3 个时期进行，具体操作规程如下。

（一）前期刺孔宜早宜小

接种后 10～20 天，当菌丝圈长至直径 10 厘米左右时，根据不同情况区别进行刺孔。采取蜡封和胶封穴口的，因缺氧菌丝生长缓慢、细弱、末端参差不齐时，可用长 5 厘米的铁钉或竹签，在距离菌丝末端 2 厘米处刺孔 4～8 个，孔深约 1 厘米；并将菌袋堆垛疏成“井”字形堆叠，接种穴口朝侧放，以利于透气。如接种穴无封口的，此时菌丝生长一般都会正常，可不刺孔通气。

（二）中期刺孔灵活掌握

通常 5 月中旬至 6 月中旬，菌丝生长进入旺盛期，应把菌袋搬进野外遮阳棚内越夏，并进行刺孔通气。刺孔前应事先制作 1 个“钉耙状刺孔器”。即选 1 块厚 1.5 厘米、宽 5～6 厘米、长 50 厘米的木板，一端削成手柄状，另一端 35 厘米范围内钉上 6.6 厘米长的铁钉，钉之间的横距 2 厘米，竖距 4 厘米。刺孔时左手握菌袋，右手拿刺孔器在菌袋上打 2～4 排孔，打孔数量和深度要灵活掌握。

（三）后期刺孔“三区别”

菌筒转色后至始菇期前进行第三次刺孔通气。海拔 800 米以上的山区，一般在 9 月下旬至 10 月上旬刺孔，海拔300～800 米的山区，宜在 10 月上旬进行；低海拔地区 10 月下旬至 11 月上旬刺打孔处理。菌袋刺孔数量多少和深浅掌握“三区别”。

1. 区别含水量 一般直径 9.5 厘米，长 42 厘米的标准菌袋，重量超过 2 千克时，每袋需刺孔 100～120 个，孔深 2.5 厘米，且可进行数次刺孔；每袋重 1.8～2 千克的菌袋，需刺孔 70～90 个，孔深 2 厘米；袋重 1.75 千克以下的菌袋需刺孔 40～60 个，孔深 1.5～2 厘米。

2. 区别菌株特性 L-135 菌株的菌袋含水量宜略偏低，在出菇前每袋重量控制在 1.3 千克左右，为菌袋初始重的 75%左右；菌袋表层还有 1/5 菌丝未转褐色的，刺孔数量和深度要多而深些；而培养室通风，菌袋干燥的，刺孔数量可略少些，深度也要浅一些。

3. 区别气温变化 在刺孔阶段温度偏高时少刺孔，超过 30℃时严禁刺孔通气。

第四章　香菇标准化生产长菇管理技术标准

一、栽培菌袋长菇模式

我国现有培养料栽培香菇新技术，在完成“前半生”菌袋培养生理成熟后，转入“后半生”野外菇棚长菇管理，其模式有以下5种。

(一)露地立筒长菇

将生理成熟的菌袋搬进野外菇棚内脱去袋膜，然后将菌筒一端栽地，立式斜靠于畦床的排筒架上，通过管理菌筒转色形成“人造树皮”，然后长菇。此种模式首创于福建省古田县，迅速普及大江南北菇区，是现行大面积香菇生产的一种模式。

(二)埋筒覆土长菇

将生理成熟的菌袋进棚脱袋后，将菌袋卧倒摆放于畦床上，然后覆土于菌筒之间的缝隙，清理筒面形成平面菌床长菇。此种模式始于福建省长汀县，常作为反季节栽培夏秋长菇，在南方低海拔地区推广应用。

(三)架层集约化培育花菇

这是一种带袋长菇模式，源于福建省寿宁县和浙江省庆元县，后传到河南省西峡县，普及北方日光温室栽培。方法是将生理成熟的菌袋摆放于菇棚内的多层培养架上，当菌袋出现幼蕾时，用刀片在现蕾部位细心地划破薄膜，让幼蕾从划口中长菇，这是现有大面积培育花菇的一种模式。之后也有人采取内薄袋，外套袋，进棚上架后将外袋脱去，留内袋，让菇蕾自顶破膜长菇。

(四)组合式间套长菇

利用林果桑园间、玉米地间或葡萄瓜豆架下遮阴条件和空隙地，间套摆筒或埋筒长菇。形成地面空间或作物间组合成的立体栽培，减少种菇用地，提高综合效益的一种新模式，在东北和西北地区广为采用。

(五)水库漂浮长菇

这是库区利用中小型水库夏季气温低的特殊气候，将生理成熟脱袋后的菌筒，装入竹筐架内，摆放在水面的竹排上，旁边设围栏，上面盖草等遮阳物，夏秋高温期照常长菇，成为库区反季节栽培的一种模式。

二、露地立筒长菇管理技术标准

(一)适应区域产季控制

露地立筒长菇模式分为秋栽和春栽两种类型。秋栽适应区域大面积商品化生产，宜于海拔 300 米以上 600 米以下的地区，秋季 8～9 月份接种菌袋，室内养菌 60～70 天后，当年秋季长菇，至翌年 5 月份结束。春栽适于 700 米以上高海拔山区和北方高寒地区，于早春1～2月份接种，低温养菌3个月左右，夏、秋5～10月份长菇，俗称反季节栽培出菇。

(二)当家品种选择

露地立筒栽培适用的香菇菌株，根据秋栽和春栽的不同季节分别选用，要求对号入座，避免引种失误，造成歉产减收。

1. 秋栽适用菌株 秋栽露地立筒栽培，当年秋、冬至翌年春季长菇，适用的菌株见表4-1。

表4-1 秋栽露地立筒秋冬春长菇适用菌株

菌株代号	温型	菌龄（天）	出菇中心温度(℃)	形态特征	适宜产地海拔(米)
Cr-66	中温	65～75	9～23	大朵，圆形，肉质紧实，茶褐色至深褐色，柄正，中粗	300～600
Cr-62	中温	60～70	9～23	中朵，中厚，柄细短，黄褐色至茶褐色	300～600
L-26	中温	65～70	10～24	朵大中，圆正，肥厚，深褐色，少有鳞片和纤毛，柄细短	300～600
中香9号	中温	60～70	12～18	朵中大，单生，肉厚质紧实，柄中细	300～500
L-856	中偏低	60～65	8～22	中朵，单生或丛生，茶褐色至黄褐色，肉厚，柄正细长	300～500
农7	中偏低	65～70	8～22	中大朵，圆形肥厚，深褐色，柄正中粗	300～500

续表 4-1

菌株代号	温型	菌龄（天）	出菇中心温度(℃)	形态特征	适宜产地海拔(米)
9018 (8517)	中偏低	60～65	12～18	中朵，丛生，形圆正，柄细短，深褐色，鳞片明显	300～500
L-9612	中偏低	60	12～22	大朵，肥厚，褐色至深褐色，褶软疏，柄短而细	300～500
L-087	中偏低	60～65	8～22	朵中大，形圆正，肥厚，茶褐色至黄褐色，柄正细长	300～500
LE-13	低温	60～65	8～18	中朵，形圆正，褐色，肉厚，柄粗短	300～600
9101	低温	60～65	7～18	朵大中，单生，肉厚质坚实，柄中粗	300～600

我国还有许多海拔 300 米以下地区，如果实施秋栽露地立筒长菇生产时，不宜采用上述中低温型的菌株，应选用中高温型菌株（表 4-2）。这一点应特别提醒，以免引种失误，造成栽培失败。

2. 春栽适用菌株　春栽菌株分为短菌龄（60～80 天）和长菌龄（150～200 天）两种。短菌龄菌株夏秋 5～10 月份长菇，也就是高山反季节栽培；长菌龄菌株秋冬长菇至翌年 5 月份结束。这两种春栽类型适用菌株见表 4-2。

表 4-2　春栽露地立筒反季节夏秋长菇适用菌株

菌株代号	温型	菌龄（天）	出菇中心温度（℃）	形态特征	适宜产地海拔（米）
Cr-04	中偏高	70～80	10～23	大朵，圆正，肥厚，内卷，盖中突起，茶褐色，柄中粗	700 米以上，夏秋长菇
Cr-20	中偏高	70～80	12～26	朵大圆形，肥厚，盖平展，黄褐色，柄中粗	700 米以上，夏秋长菇
L-26	中偏高	70～75	10～25	大朵，形圆正，肥厚，深褐色	700 米以上，夏秋长菇
苏香 1 号	中偏高	70	10～25	中大朵，茶褐色或深褐色，肉紧实，柄中粗较短	700 米以上，夏秋长菇
夏亚 1 号	中偏高	70～75	10～25	大朵，形圆正，肥厚，深褐色	700 米以上，夏秋长菇
武香 1 号	中偏高	60～75	10～25	大朵，菌肉肥厚，盖较深，柄中粗，稍长	700 米以上，夏秋长菇
8500	高温	70～80	10～26	朵大肉厚，柄粗，盖深褐色	700 米以上，夏秋长菇
广香 47	高温	70～80	14～28	单生，大朵，肉厚，盖黄褐	700 米以上，夏秋长菇
8001	高温	70～75	14～26	单生，朵中大，肉质肥厚，茶褐色或深褐色，柄粗	600 米以上，夏秋长菇
兴隆 1 号	高温	70～80	14～28	中大朵，肉肥厚，深褐色，柄中粗	600 米以上，夏秋长菇

春栽菌株另有一种 241-4，中低温型，长菌龄晚熟品种。

高海拔山区春栽，2～4 月份接种，菌龄 150～200 天，菌袋越夏，9 月上旬始菇至 11 月份止，寒冬低温休停，翌年春季长菇 5 月份结束。出菇中心温度 6℃～22℃，为闽北、浙南高海拔菇区主栽品种，管理容易，产量较高。

（三）菌袋生理成熟标准

香菇菌丝生理成熟程度，主要从积温、菌龄、形态、色泽、基质 5 个方面进行综合观察判断。根据福建省古田县栽培者长期实践，其具体标准如下。

1. 积温　根据菌株温型不同，积温有别。一般中温偏低菌株要求有效积温 1 000℃～1 100℃，中温偏高菌株 1 200℃～1 300℃。有效积温＝（发育期日平均温度－5℃）×生长发育天数。

2. 菌龄　菌龄指的是菌袋从接种日算起，经过发菌培养，到离开培养室之前的天数为菌龄。这个时间参数，受培养期间内温度和管理条件，以及菌株温型不同的影响而有差别。一般而言，速生型中温偏低菌株 60 天左右，中温偏高菌株 70～80 天；而晚熟中低温型菌株 241-4 和花菇菌袋 L-135、L-939、9015 等菌株，则需 180～200 天。

3. 形态　生理成熟的菌袋，其表面菌丝起蕾发泡，呈肿瘤状凸出，占整个袋面的 2/3 左右；培养基与料袋交界间呈现空隙，形成此起彼伏凹凸不平状态。这表明菌丝已分解和吸收积累了丰富的养分，是生理成熟趋向生殖生长阶段的一个特征。

4. 色泽　菌袋内布满浓白菌丝，长势均匀旺盛，气生菌丝呈棉绒状。接种穴和袋壁局部出现红色斑点，这就是生理成熟，新陈代谢吐露黄红水珠引起转色，是进入生殖生长的信号。

5. 基质 判断菌丝是否生理成熟时,用手抓菌袋呈弹性感,表明已成熟;如果基质仍有硬感,说明菌丝还处于发育生长时期,尚未转向,要等待其成熟。

上述5个标准中,积温和菌龄是参数,后三者都需齐备,缺一不可,这是判断菌丝是否达到生理成熟的依据。

(四)脱袋排场操作规程

1. 菇棚畦床设置 现有菇棚常采取两种结构:一是遮阳网小群棚,外用95%遮阴度的遮阳网,内盖塑料薄膜防雨。棚宽4米,中间的菇床排10筒,间隔40厘米留作业道2条,作业道两旁的畦床各排5筒。此种菇棚秋栽,冬季长菇有利于升温。另一种简易草棚,面积可大可小,春栽夏秋长菇,采用此棚有利于降温。棚内菇床宽1.4米左右,长度视场地而定,畦床上用竹木条搭成排筒架,架高离地面30厘米,前后排架距20厘米;再用竹木条横跨畦床,搭成拱膜棚。菇排筒架见图5。

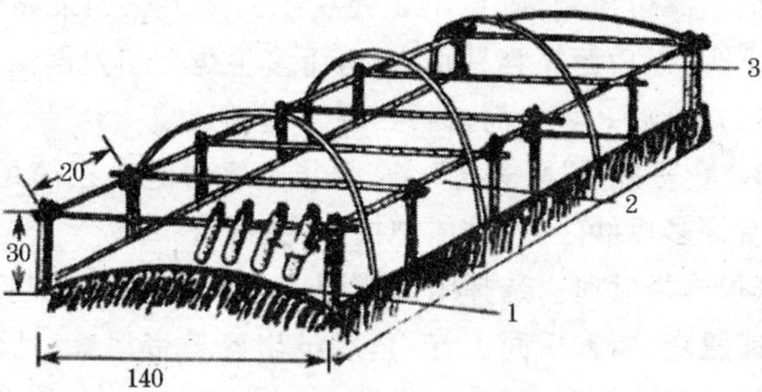

图5 畦床上排筒架 (单位:厘米)

1. 龟背式畦床 2. 木条排筒架 3. 弧形罩膜架

高海拔山区秋、冬季霜期较长，秋栽露地立筒栽培的，为创造一个冬暖长菇环境，可采取“下陷式”畦床，见图 6。

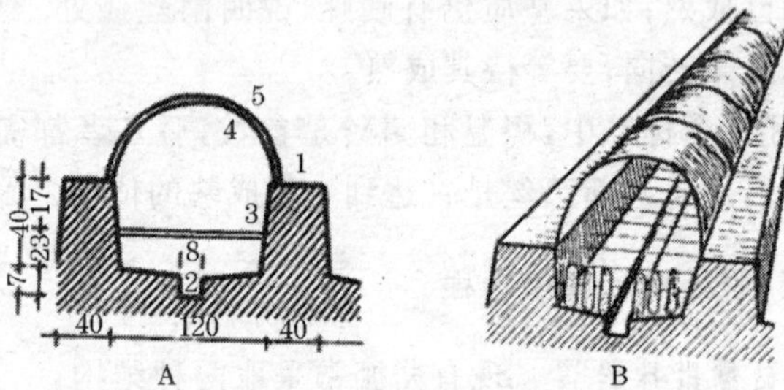

图 6 “下陷式”畦床

A. 断 面 B. 外 观

1. 作业道 2. 排水沟 3. 排筒架 4. 罩膜架 5. 盖薄膜

2. 脱袋排筒方法 脱袋时左手提菌袋，右手提刀片，先在袋两端划割一圈，再在袋的竖直方向等距离划割 1～2 刀，顺手把薄膜脱开。菌袋一经脱袋，称为菌筒。然后把菌筒放于菇床的排筒架横条上，立筒斜靠，与畦面成 60°～70°夹角。菌筒的斜靠位比例，应在 1/3 处靠于横条上。如果靠位比例上多下少，以后菌筒容易垂头；若下多上少会引发菌筒形成弯腰。每行排放 9～10 筒，间距 3～4 厘米。

3. 脱袋把握“四关键” 脱袋工序看起来很简单，但其中也有许多奥妙之处，具体把握“四关键”。

(1)选择时间 选择晴天或阴天上午，而雨天或刮西北风天不能脱袋，雨天田间泥泞，菌袋进出容易带泥浆；且雨天菌袋出门被雨水淋湿，容易污染杂菌。秋季常在 11 月份脱袋，常刮西北风，菌筒表面易被吹干，所以不宜在有风天脱袋。

(2)控制气温 气温高过 25℃或低于 12℃时暂不脱袋。

如遇气温不适，可把菌袋搬到菇棚，先排于畦床上；并在菌袋上划破薄膜一条缝增氧，待气温适宜时再脱袋。脱袋最适温度为 18℃～22℃，高于 25℃菌丝易受损伤，低于 12℃脱袋后转色困难。

(3)及时罩膜 边脱袋、边排筒、边盖膜。菌袋在室内搬到野外，由“裹膜”到“露本”，这是一个重大转折。如果脱袋的菌筒，没有及时覆盖薄膜，一下子由小气候转入大空间就会不适，引起不良反应。因此，必须做到一边脱袋，一边排筒，一边把薄膜罩于畦床上。使它由袋内小气候，转入罩膜群体气候中生长，逐步适应。

(4)断筒吻接 局部被杂菌侵染的菌袋，不符合有机栽培的可转入常规栽培菇棚。在脱袋时只割破未被侵染部位的薄膜，并留 1～2 厘米，把受害部位的薄膜留住，防止杂菌孢子散出。若是侵染部分大，可用刀把侵染部分砍掉，把好的部分菌筒收集在一起，进行人工吻合，一般 3～4 天菌丝生长后，也可形成整筒。

(五)菌筒转色催蕾技术标准

1. 掌握转色规律 脱袋排场后的菌筒，由于全面接触空气、光照、露地温度及适宜湿度，加之菌筒内营养成分变化等因素的影响，便从营养生长转入生殖生长。菌筒表层逐渐长出一层洁白绒毛状的菌丝；接着菌丝倒伏，形成一层薄薄的菌膜，同时开始分泌色素，渗出黄色水珠。菌筒开头由白色略为粉红色，通过人工管理，逐步变成棕褐色，最后形成一层似树皮状的菌被，这就是所说的转色，也就是“人造树皮”的形成。菌筒转色，通常在适宜的环境条件下需要 12 天左右。再经过 3～4 天的温差刺激后，便萌发菇蕾。

2. 转色催蕾技术规程 菌筒转色催蕾管理，主要应掌握好控温、喷水、变温刺激技术。

(1)控温复壮 脱袋后1～4天，要罩好菇床上的薄膜，不必翻动，让菌丝恢复生长；罩膜内温度控制在23℃～24℃，空气相对湿度以85%为好，保持菇床空气新鲜，5天之后以18℃～22℃为宜。当菌筒表面长满洁白色的气生菌丝时，说明菌丝已复壮，此时要揭开菇床上的罩膜通风，每天1次20分钟。若气温超过25℃，每天早晚揭膜通风，增加氧气。

(2)喷洗黄水 经过菌丝复壮后，到7～8天菌筒分泌出黄红色水珠，此时应结合揭膜通风，连续2天给菌筒喷水。第一天用喷雾器喷水，把红色水珠喷散，并罩好盖膜，菌筒表面出现粉红色，并挂有黄红色的水珠；第二天可用电动压力喷雾器或喷水壶，向菌筒急水重喷，把黄红色水珠冲洗净，待菌筒游离水晾干，水分蒸发至手抓菌筒无黏糊感觉时才可罩膜。

(3)调控温差 菌筒转色必须结合变温管理。具体做法是白天把菇床上的薄膜罩严，使床内温度升高2℃～3℃；夜间12时以后气温下降时，揭开薄膜1小时，让冷空气刺激菌丝。这样日夜温差可达10℃以上，连续进行3～4天的温差刺激，菌筒表面就出现不规则的白色裂纹，也就诱发子实体原基发生，并分化成菇蕾，所以又称“变温催蕾”。

(4)干湿交替 转色过程中除了控温、喷水、变温外，还必须干干湿湿交替刺激，有利于转色。管理中既要喷水，又要注意通风，使干湿交替。但要防止通风过量，造成菌筒失水，特别是含水量偏低的菌筒更应引起注意。在通风换气时，还要注意结合喷水保湿，人为创造干干湿湿的条件。

(5)光线刺激 野外菇棚内以“三分阳、七分阴”的光线刺激，有利于转色和诱导子实体原基分化。因此，在菇床罩膜内的光照至少要25勒，对转色更有利。

3. 转色管理技术程控 为便于栽培者管理上对照，这里将菌筒转色日程及管理控制技术列于表4-3。

表4-3 菌筒转色管理技术程控表

脱袋后的天数	菌筒表现	作业要点	菇床罩膜内环境条件			注意事项
			温度(℃)	湿度(%)	每天通风	
1～4	洁白绒毛状菌丝继续生长	脱袋后排放菇床架上呈80°角，罩紧薄膜	23～24	85	25℃以下不揭膜通风	超过25℃揭膜通风20分钟
5～6	菌丝逐渐倒伏分泌色素	掀动薄膜，增加菇床内气流量	20～22	83～85	揭膜通风2次，每次30～40分钟	防止温度偏高菌丝徒长不倒伏
7～8	新陈代谢，吐出黄水珠	每天喷水1～2次冲洗黄水，连续2天	20	85～90	喷水后待菌筒晾至不黏手时盖膜	第一天喷雾冲淡黄水，第二天急水冲净黄水
9～12	粉红色变为红棕色	观察温、湿度变化和转色进展	18～20	83～87	每天揭膜通风1次，30分钟	温度不低于12℃，不宜超过22℃
13～15	棕褐色有光泽树皮状	温差刺激，干湿调节，促发菇蕾	15～18	85	白天罩膜，晚上通风1小时	干湿交替防止杂菌污染

(六)秋菇管理技术标准

菌筒经过转色和温差、干湿差、光暗差的刺激，诱发子实体原基的形成，并发育长成子实体。从菇蕾至子实体成熟，一般只需3～4天，气温低时需6～7天，这时期称为出菇阶段。

秋栽菌袋是一次接种，秋、冬、春三季长菇。早、中熟品种产量占整个生产周期总产量的30%左右。管理技术标准如下。

1. 控制长菇适温 秋季气温多变，高低不稳。若温度一直处于20℃以上时，原基不易形成子实体，且消耗养分较多，影响产量。遇到这种情况，必须创造适宜的温度条件，可在晚上或凌晨气温较低时，揭开盖膜通风散热，使菇床温度下降。晚秋气温低于12℃时，可将棚顶遮阳网揭开些，让一定的阳光照射增加热源，使菇床达到适宜温度。

2. 适时两项刺激 "两项刺激"即：干湿交替，温差刺激。第一潮菇采完后，必须停止喷水，并揭膜通风8～12小时，降低菇床湿度，使菌筒干燥，让菌丝充分休息复壮7天左右。当菌筒采菇留下的凹处发白时，说明菌丝已经复壮，此时白天可进行喷水，并盖紧薄膜提高温度，晚上揭膜通风，使菇床有较大的温差和菌筒干湿差。通过3～4天干湿交替、冷热刺激后，第二潮子实体迅速形成。第二潮菇采完后，按上述方法增加通风次数，让菌丝复壮，然后连续喷水2～3天，加大湿差，促进第三潮菇蕾萌发。逐潮仿效此法管理。

3. 保持空气湿度 出菇期空气相对湿度以90%左右为宜。南方秋高气燥，注意菇床保湿，防止菌筒被风吹干；北方秋季多雨，应注意通风，避免湿度偏高，引起菌筒霉烂、杂菌孳生。通常菇棚的罩膜内呈一层雾状并有水球，说明湿度适宜。若无水珠说明偏干，应喷水加湿；若水珠下滴，则为偏湿，应增加通风，降低湿度，避免过湿造成霉菌侵袭为害。

4. 灵活调节光照 秋初低海拔地区气温较高，日照稍长，为防止光照过强，菇棚上方遮阳物应"三阳七阴"，有利于子实体形成；秋末山区气温急降，日照渐短，菇棚应从"四阳六阴"，逐步到"五阳五阴"。

(七)冬菇管理技术标准

冬菇在 1～2 月份,即春节前后出菇。这个季节气候寒冷,菌丝生长缓慢,呼吸强度低,出菇少,子实体生长也慢,菇肉厚,品质好。具体管理技术标准如下。

1. 引光增温 冬季野外寒冷,可把棚内菇床的薄膜放低、罩严,增加地温;同时选择晴天,把遮阴物摊稀,达到“五阳五阴”。日照短的山区可以“七阳三阴”,让阳光透进棚内,增加热源,提高菇床温度;晚上盖薄膜防寒。冬季日夜自然温差较大,加上采取上述人为措施调节,这样可促使更多的菇蕾发生。

2. 错开通风时间 菇蕾发生后,呼吸旺盛,如空气不流通,二氧化碳沉积过多,就会抑制子实体形成与生长。因此,冬季不论菌筒是否长菇,都应保持每天中午揭膜通风 1 次;通风时间应短,每次 10～20 分钟,使菌筒免受寒风袭击而干燥。

3. 灵活喷水 冬季霜期不宜喷水,因气温低菌筒吸收能力弱,容易造成结冰,只要保持湿润,不至干枯即可。特别是霜期较长的地区,更要注意保暖防寒,生息养菌,切忌喷水。如湿度偏大,菌丝生长受到阻碍,甚至造成小菇蕾死亡。有的菌株冬季会长出变形菇,俗称“蜡烛菇”,即有柄无盖,应及时摘除,减少消耗。

4. 保护菌筒越冬 冬季出菇要视气温情况而定,低海拔地区气温适宜,可长 2～4 潮菇,但相距时间较长,一般需10～15 天。高寒地区出菇少,甚至不出菇。冬休期应把菇床罩膜四周用石头压紧,保持床内温、湿度,避免寒风侵袭菌筒。尤其是北方寒冬积雪,更应加固菇棚防倒塌,棚顶和四周加围草帘,挡风保温。

(八)春菇管理技术标准

1. 适时调整盖膜 南方春雨连绵,湿度偏大,每天要结合采菇揭膜通风,采后盖膜。如气温高于20℃,盖膜棚的两头要揭开,让其通风;闷热天或雨天,盖膜四周全部揭开,使空气流通。特别是菌筒浸水重回菇床时,盖膜要看气温,早春气温或寒流袭击时,薄膜要罩好保温,使菌丝复壮;若气温高于25℃,则每天通风2～3次,促其生长。

2. 看天气喷水 春菇生长期的喷水,要掌握在连晴天气,菌筒表皮稍干时进行。可在上午采完菇后,用喷雾器往菌筒表面喷水;阴雨天不喷水,菌筒湿润不喷水,采前不喷水。喷水后要让菌筒晾30分钟再覆盖薄膜,防止因湿度过高,造成霉菌生长而烂筒。

3. 适度刺激 采完第一潮菇后,要揭膜通风8～12小时,让菌筒表面稍干,晴天再喷水干湿刺激,促使菌丝复壮;并采取白天盖严薄膜,晚上12时之后揭膜通风1小时,降低棚温,适当进行温差刺激,促使菇蕾发生,连续3～4天即可。

4. 适期采菇加工 春菇质薄易开伞,开伞菇商品价值较低。为此,必须掌握每天上午采收八成熟的菇,即菇盖已伸展、卷边似"铜锣"的。当天采菇,当天加工。

5. 清理菌筒 春季杂菌常在菇蒂部位腐烂的菌筒上生长。因此,掌握每采完一潮菇后,要进行清理,挖除蒂头残留。

(九)菌筒浸水技术规程

1. 测定含水量 菌筒含水量比原重减轻1/3时即说明失水,应浸水。中袋发菌后的筒一般为1.9～2千克,而当重量只有1.3～1.4千克时,即筒内含水量减少30%左右,此时就可浸筒补水。通过浸筒补水达到原重1.9～2千克的95%数值即可。鉴别菌筒是否吃透水分,可用刀将菌筒横断剖开,看其吸水颜色是否一致,未吃透的部分,颜色相对偏白。

2. 水质要求 浸筒的水质要经检测,达到标准化栽培要求的水质标准,不得使用池塘水和沟壑水。防止污染,造成产品不符合标准。

3. 补水方法 浸水方法有直接浸泡法,捏筒喷水法,插入注射法,分流滴灌法。较常用的是浸泡法、捏喷法和注射法。

(1)直接浸泡法 用8号铁丝在菌筒两端打几个10～15厘米深的洞孔,顺序排叠于浸水池内,上面加盖木板、石头等重物紧压,再把清水灌进,以淹没菌筒为度。也可以采用菇床两旁畦沟内衬清洁的薄膜,然后排叠菌筒,按畦沟深浅,一般可叠3～4层,上面压板,防止菌筒上漂。

(2)捏筒喷水法 原地提起菌筒,双手紧抓住,10个指头向筒上菌被按压,稍有"吱吱"响声,指痕部位略有微凹;或用塑料拖鞋,往菌筒四周轻轻拍打。喷水可采用电动压力喷雾器或喷水壶,往菌筒上来回喷洒。每天1～2次,连续喷3～4天,水分从外膜渗透筒内,得到补充。

(3)插入注射法 原地操作,用金属制成的"菇筒注水器"先用同规格的钢筋往菌筒一端打个注水洞,深约占菌筒的3/4,把注水器针筒插入注水洞内,借助喷雾压力把水输入菌筒内,达到补水目的。现市场上销售的多针筒注水器,由一个铁手把配5个开关,安装5条橡皮管,管头装针筒,1次注水5筒,比较方便和实用。

4. 调控气温与水温 气温若在15℃以下时,浸筒宜在晴暖天气进行;春季气温高于25℃以上时,需待气温降低至20℃左右时浸水为好。春季水温要比气温高,菌筒易吸收水分；夏季水温要比气温低，才能吸收。因此，夏季用井水、泉水浸筒更好。气温高浸水效果不好，反季节栽培夏秋长菇，过6月份气温常为25℃以上，要注意天气预报，趁高温来临之前，抓紧时间浸筒，争取多长1～2潮菇。

5. 结合催蕾 菌筒浸水后放回菇床上排列好，待游离水晾干后再罩膜保湿，进行干湿差刺激。3天后每天通风1～2天，每次1小时左右；干燥天缩短通风时间，一般30分钟；若遇阴雨天，应把薄膜四周掀起通风。若气温低于15℃，可把浸水后的菌筒集中重叠成堆，用薄膜罩住，使筒温上升。发菌3天后，重新搬回菇床上，把遮阳物拨开，增加光照；并进行气温差刺激，诱导原基形成，菇蕾萌发。

6. 清床松土 当菌筒搬离浸水时，畦床上的残余物进行清理并疏松一下畦土。若发生过病虫害的菌筒，应搬离出栽培场，做常规处理。同时在菇床上撒些石灰粉消毒；并拉疏棚顶遮盖物，让阳光照射畦床，改善环境条件。

三、埋筒覆土长菇管理技术标准

香菇标准化栽培埋筒覆土长菇模式，是利用夏季地表和空间温度自然温差和发挥土壤有机物及覆土的屏蔽作用，可有效克服害虫的侵害而长菇，作为春接种夏秋长菇，反季节栽培的一种好形式。打破“种夏菇上高山”的观念，为一般低海拔地区开创了一条栽培新路子。其技术规程与管理技术标准如下。

（一）适应区域范围

埋筒覆土培育夏菇，一般在海拔300～700米的小平原地区和北方地区较适。而海拔较低，夏季气温较高地的地区不宜采用。因香菇子实体生长适宜温度为5℃～25℃，超过28℃无法形成与发育。

（二）生产季节控制

埋筒覆土长菇的产品是夏秋季节产菇。为此生产季节应以4～5月份菌袋进棚脱袋排场，以此时间为“分界线”，往后倒退3～4个月为菌袋接种期，再往后倒退3个月为原种和栽培种制作期。通常在每年10～12月份就开始菌种生产，翌年1～2月份进行菌袋接种培养，到5月份菌袋进棚脱袋排场转色出菇，夏季盛产，延续至11月份产季结束。海拔较低的平川地区，可提前于12月下旬至翌年1月上旬制袋；而北方高寒地区，早春气温较低，菌袋生产可适当推迟至2～3月份进行。

安排生产季节时，必须因地制宜，根据当地气候，以初夏适于长菇气温15℃作为始菇期。以此为界倒计时90～110天作为菌袋制作接种期。这样确保菌袋生产与培育处于最佳期，夏季长菇正适时。

（三）适用菌株限定

埋筒覆土反季节栽培的成功，其中一个关键技术就是选准当家品种，限定的菌株，应以中偏高或高温型的菌株为标准。常用Cr-04、Cr-20、广香47、8001、武香1号、8500、苏香1号、夏亚1号、兴隆1号等。菌株种性特征详见露地立筒栽培一节中的反季节适用菌株表4-2。此外，辽宁、吉林、黑龙江及北京等地区，均有选育适应当地反季节栽培菌株，可就地引用。特别提醒：露地立筒反季节栽培区域是海拔700米以上地区；而埋筒覆土栽培适于在300米以上600米以下海拔区域栽培。两种栽培模式不同，其使用的菌株相同，长菇期也都在夏秋5～10月份，而适用区域海拔高低相差甚大。

我国地理复杂，气候差异甚大，同一个地区的海拔高度又都不一，为防止误导，在引用菌株时必须认真掌握一个原则：适合埋筒覆土反节栽培的香菇菌株，不论其是什么代号，只要是属于中温偏高或高温型的菌株，其种性耐高温，出菇中心温度以15℃～28℃或15℃～30℃的为妥。对于中温偏低或低温型菌株，如Cr-02、L-856、L-087、Cr-62、L-939、L-9015、L-135等都不可用作反季节埋筒覆土栽培的菌株。否则在盛夏子实体难以形成，或长出劣质菇，导致歉收或失败。

（四）埋筒覆土操作规程

1. 脱袋摆筒 场地先整理平实，提前5天进行床面消毒。再将发满菌丝10天左右的菌袋，在接种穴旁将袋膜先纵割“Y”形缝；然后将菌袋平放在经消毒的畦面下，割缝朝下；菌筒在畦床两边横排，中间纵排，四周留5厘米左右，5小时左右即可进行脱袋。然后将菌筒按照原地排放于畦床上，筒与筒靠紧不留间距，使整个畦床形成菌筒出菇的床面。

2. 菌筒覆土 先将畦沟泥土铲至畦的四周空位上做边，再将湿润的覆土材料（采用拌有3%石灰粉的潮泥沙）撒施在菌筒表面，厚度1厘米以上。

3. 畦床罩膜 用2张4米宽的薄膜，将4个畦床上部围成屋脊形。具体操作：将4米膜的一边固定在一排柱子的梁上，再在隔两畦的另两排柱子间都固定一根竹竿或木杆连起来扎紧。这样用塑料带将薄膜夹在中间，2张薄膜构成屋脊形，能使四周通风，菌筒又淋不着雨。这种罩膜方式始终不用掀起薄膜,极为方便,特别适宜实行微喷,并且薄膜可保持干净,经久耐用。

4. 清洗筒面 经上述处理后,不用任何管理7天左右,菌筒就能正常转变为红棕色,并可避免烂筒。待菌筒表面完全转色后,进行清理出菇面,用塑料扫把或棕扫把,将菌筒上面的覆土材料向菌筒之间的空隙填满。若不急于出菇,且菌筒又未现蕾,也可适当推迟清理筒面。但对已转色的菌筒应喷少量水,不让菌筒干燥脱水。这种转色的管理技术省工、省本,又不烂筒,并且菌筒营养完全没有流失。如果菌袋培养期间发生严重烧菌,发软,变灰色的,可将菌筒纵割一条缝,缝朝下利用地湿、地温促进顺利转色。待菌筒转色发硬后再脱袋覆土。

(五)转色催蕾管理技术

埋筒覆土与露地立筒栽培,两种不同模式的反季节栽培,其长菇期均在夏秋5~10月份,出菇管理原理和技术措施相同。因此埋筒覆土长菇管理可参照露地立筒长菇中夏菇管理技术措施。但在转色、催蕾和控水上有所差别。

1. 掌握转色规律 菌筒覆土后7天左右,由于全面接触空气、光照、地湿及适宜温度加之菌筒内营养成分变化等因素的影响,便自然地从营养生长转入生殖生长。菌筒表层逐渐长出一层洁白色绒毛状的菌丝,接着倒伏形成一层薄薄的菌膜,同时开始分泌色素,渗出黄色水珠。菌筒开头由白色略转为粉红色,通过人工管理,逐步变成棕褐色,最后形成一层似树皮状的菌被,完成转色时间上要比露地立筒提前5~6天完成。

2. 催蕾技术措施 菌筒转色后进入生殖生长,其催蕾方法与露地立筒催蕾基本相似，需要温差刺激，白天盖好拱棚罩膜，有的整棚上方铺膜，目的是起防雨作用。埋筒栽培的温差常以昼夜自然温差刺激。人为催蕾主要采用以下方法。

(1)*拍打催蕾法*　菌筒转色形成菌被后，可用竹枝或塑料泡沫拖鞋底，在菌床表面上轻轻拍打，使其受到震动刺激。拍打后一般2～3天菇蕾就大量发生。如果转色后菇蕾自然发生，则不可拍打催蕾。因为自然发生的菇朵大，先后有序产出，菇质较好。一经拍打刺激后，菇蕾集中涌出，量多，个小，且采收过于集中。

(2)*喷水滴击催蕾*　用压力喷雾器直往棚顶上方薄膜喷水，使水珠往菌筒上滴，利用地心吸引力使水滴轻度震动刺激；如是小拱棚，可用喷水壶喷洒淋水刺激。但水击后注意通风，降低湿度，使其形成干湿差。埋地菌筒能自然吸收土壤内的水分。因此它不能像常规栽培一样清水浸筒催蕾，这一点完全不同。

无论采取哪一种形式催蕾，都必须掌握晴天上午气温相对低时，进行拍打或水击。因温度高对原基分化不利，如果强行刺激，出现的菇蕾个小，且易萎蕾。因此必须注意掌握气温，抓准适温机会催蕾，下雨天不宜催蕾，以防烂蕾。

(六)夏季长菇管理关键控制点

反季节栽培盛菇期为5～10月份。此时正值气温较高的夏秋季节，对子实体生长发育不利，如果管理不善，易出现萎蕾烂菇。其关键技术控制点如下。

1. 疏蕾控株　夏菇第一潮正值5月下旬至6月份发生，此时气温较适，菇蕾丛生集中涌现，如果任之发育，会使朵小、肉薄，不符合保鲜出口的品质要求，为此必须疏蕾。具体操作：对菌筒表面密集的菇蕾，每袋选择蕾体饱满、圆正、柄短，分布合理的6～8朵；多余的菇蕾用手指按压致残，不让其发育，使菌筒产菇分布合理，吸收养分、水分均匀，确保菇品的优质。

2. 遮阴控光 夏季菇棚温度必升，为此必须加厚遮盖物，可用茅草、树枝加盖，避免阳光直射。其光源仅靠四周棚壁草帘缝中透进弱光，一般控制在“九阴一阳”，使整个菇棚处于阴凉暗淡状况。最为理想的是菇棚建在绿树成荫的林下。如果光线过多，温度升高，菇体变薄，色泽变黄，影响品质。

3. 增湿降温 白天在畦沟内浇流动水，夜间排出，并保持浅度蓄水降温。但注意水量的下限，为距离菇床面20厘米，以防蓄水浸蚀菌筒。菌筒较干时，可用清水直接浇到菌筒上，一般每天1次，晴天可多浇些。下雨天及时排除畦沟积水。高温时可采用每天早晚用泉水、井水等温度较低的清水，向菇棚四周和空间喷雾；或棚顶安置微喷设备，通过人为措施，使棚内处于凉爽环境。

4. 加强通风 前期畦床上的盖膜不宜密罩，必须把四周薄膜卷离畦床30厘米以上，使畦床之间空气流畅。闷热干燥天气，白天不宜遮膜。如果紧罩薄膜气温升高，二氧化碳浓度增加，必然引起萎蕾烂菇。夏季雷阵雨较多，注意加强通风排湿，可将菇棚四周屏蔽遮阳物打开一个通风口，使棚内空气流畅；同时注意检查盖膜有否破漏雨水淋入，避免高温雨淋造成烂菇烂筒现象发生。

5. 经常检查 每天结合采菇，注意观察，发现病虫害或萎蕾、烂菇，应及时摘除，并把烂根铲除，局部用石灰水擦净，防止污染蔓延。

6. 采后管理 夏菇长速较快，从菇蕾至成菇一般1～2

天，气温高时半天完成。为此采菇是1天采1次，盛发期早、晚各1次，保鲜出口菇每天采收4次，如果稍延几小时即开伞，不符合保鲜出口标准，这一点与常规大有差别。一潮菇采收后停止喷水，延长通风时间，让菌筒休养生息，待采菇部位重新长出白色菌丝时再催蕾。7～8月份高温期间应以养菌为主，避免拍打催菇，否则损伤菌丝，易引起烂筒。反季节栽培的中高型菌株，其秋季长菇可参照秋菇管理技术标准。

（七）运用微喷提升菇质技术

国内外公认覆土香菇质量极佳，但缺点是泥沙等杂质较多，究其原因是由于覆土香菇有的都是用畦沟水浇菌筒，不少产区的菇场与菇场，菇场与农田串灌，而农田又常用农药，用这种畦沟水浇灌菌筒，长出的香菇不但泥沙等杂质多，而且农药残留和重金属超标，这就不符合香菇标准化生产的要求。

解决上述问题的最佳方法是，采用洁净的井水或泉水实行微喷，如福建省长汀县林海芳研究成功的适用于覆土香菇的微喷技术。具体方法如下。

1. 管道布局　在菇床一端的横沟中，放1根自来水塑料管作为主管，直径3.2厘米以上。在每个畦端的中心锯断主管，通过变三通—塑料管—阀门—塑料管—弯接—塑料管(直径2厘米左右)，最上一小段与菇床平行的塑料管作为出水口，高出菌筒30厘米以上。出水口与等粗的塑料管一端用软塑管连接，两边用铁丝扎紧。支管与畦床等长，另一端密封。

2. 微喷安装　管上部正中每隔1米安装1个微喷头。菇床正中部位每隔1米左右插1段小竹，与出水口等高；用1段小铁丝绕管一圈后，将两端插入竹洞中固定。

3. 水源引用　山区农村一般将深山泉水引到各农户作

自来水的水源，可把引水管深埋于地下。如果自来水源高出菇场10米以上的，即可直接将自来水接到菇场的主管上。菌筒需水时只要将阀门打开，雾化水立即均匀喷向菌筒上。另一种采用功率1.5千瓦的潜水泵抽取井水，接到菇场主管即可。如果水泵电源处加装电子控制器，则可事先调节自动控制每天的喷水次数和每次的喷水时间，使用更方便。

4. 微喷效应　覆土栽培采用微喷技术，能够创造适宜的水气候来满足夏季长菇的环境要求。经过冷凉的井水或泉水刺激，有利于提高夏菇产量；水质净化，菇体清洁，使覆土的香菇质量达到标准化生产要求；操作简便，节省浇水工时，因此容易被菇农接受投入使用。

四、花菇高棚多层集约化培育技术标准

花菇为香菇中的上品，其菌盖自然裂纹成白色，反差明显，构成菊花形态，外观美丽，肉质肥厚，口感幼嫩，营养丰富，是我国食用产品出口的名优品牌，在国际市场上受到青睐，价格比普通香菇高1～2倍，栽培者普获较高的经济效益。

（一）花菇培育季节的控制

根据花菇成因条件分析，袋料栽培花菇的最佳产季，南方应是秋、冬，此时低温、低湿、温差大；而长江以北严冬温度极低，应以春秋季节适温、干燥、温差大，有利原基分化菇蕾。我国南北各省（自治区）所处纬度和海拔不同，气候差异甚大，花菇产出期有别。这里列举南、中、北3个有一定代表气候的花菇产区，供栽培者在应用时对照。

1. 南方　福建省寿宁县，位于长江以南，属中亚热带地

区。年平均温度13℃～19℃，降水量155～225厘米，无霜期210～280天。雨季常在春季2～6月份，秋末冬初后，晴多雨少。气温低于20℃时，花菇产出期常在10月份开始，到翌年2月中旬，月平均温度在15℃～20℃，产菇量约占总产量的89%，此时正值国外鲜菇"火锅料"畅销期，菇价最高。常用低温型L-135、9015、L-939、南花103等长菌龄的菌株；菌袋接种2～3月份，发菌培养5～6个月，菌袋度过炎夏，10月份上架出菇。寿宁的气候与浙江、江西、湖北、湖南、四川、贵州、广东北部和安徽南部的气候有相似之处。

2. 中原 河南省泌阳县，位于中原地带，属典型的浅山丘陵区，大陆性季风气候，年平均温度14.7℃，降水量93.3厘米，无霜期223天，秋冬和早春气候干燥，雨量极少。常用菌株为中温偏低型的短菌龄菌株L-087、农7、Cr-62、856等。菌袋接种期8月中旬，发菌培养2个月。进入花菇产出期11月上旬开始，此时温度常在15℃左右，收第一潮花菇。春节前在菇棚适当加温，可收第二潮菇，节后再收1潮花菇。其后转产普通香菇。泌阳气候同山东、江苏、山西南部、安徽北部、河北南部、湖北北部、陕西南部等地区有相似之处。

3. 华北 河北省平泉县位于该省东北部，距北京300千米，所处纬度40°～41°，平均海拔540米，其中北部1 729米，南部335米。年平均温度7.4℃，属于大陆性季风气候，年降水量540毫米。采用保护地日光温室培育花菇，选用低温型长龄菌株L-135、9015、L-939等。菌袋3～4月份接种，养菌越夏，9月上旬上架，11月下旬至翌年5月花菇产出期。平泉的气候与山西、陕西、山东、河南北部、江苏北部等地区的气候有近似处。

4. 东北 黑龙江省大庆市，位于东北，年平均温3.7℃～

5.6℃，降水量442毫米，无霜期135～150天，夏季气温30℃的炎热天只有7～10天，基本是一个没有夏天的典型高寒地区。花菇栽培采用低温型、长菌龄的菌株，如L-135、L-939、9015之类。菌袋3月份低温接种，加温发菌培养5～6个月；或选用中温偏低型、短菌龄的菌株，如Cr-62、Cr-66、087等，7月上旬（月平均温度23.5℃）接种菌袋，菌龄2个月左右。上述两种不同时期接种的菌袋，其生理成熟时间，前期8月下旬（月平均温度20.54℃），后期9月份（月平均温度15℃），此时月平均温度都在15℃～20℃，正适合花菇生长，进行上架排袋培育花菇十分有利。10月份平均温度7℃～9℃，可以人为调温长花菇。菌袋越冬，翌年4月份解冻后，花菇照常生长。大庆地区与辽宁、黑龙江、吉林、内蒙古、甘肃以及西藏等高寒的北方地区同类型。

（二）花菇适应菌株选择

花菇形成不是花菇所固有的遗传特性，并非种性特征，一般而言绝大多数的香菇菌株，在长菇阶段能满足花菇成因环境条件下，都能形成花菇。但成花率高低差异甚大。但有的菌株由于种性固有特征，难以形成花菇的也有，如Cr-04、Cr-20、8500、广香47、7945等高温型菌株，以及菌盖表面较厚、裂纹较难的241菌株。此外7925、7401、9151、L-12、8210、L-507等都不宜作为培育花菇的菌株。这一点应引起注意，避免引种失误造成不能形成花菇。适用培育花菇的菌株及种性特性见表4-4。

表 4-4　适用培育花菇的菌株及种性特性

代　号	出菇温度（℃）	适应范围	形态特征与菌龄
L-939	8～22	海拔 600 米以上春栽	大叶型，菌盖肥厚，朵形圆正，鳞片明显，不易开膜，盖面褐黄色；抗逆力强，菌龄需 160～180 天，低温环境菇蕾易发生，成花率高
南花 103	8～24	海拔 600 米以上春栽	大中朵型，菌盖圆正，不易开伞，肉厚紧实，柄短小。菌龄 160～180 天，容易成花菇
L-135	6～18	海拔 600 米以上春栽	中叶型，菌盖肥厚，卷边圆正，不易开伞，盖面茶褐色。菌龄需 160～180 天，花菇率高，白花比例多
9015	8～22	海拔 600 米以上春栽	大中型，菌肉肥厚，组织致密，盖面黄褐色，有鳞片，柄粗长。菌龄 180 天，成花率高
9109	8～20	东北、高寒山区春栽	大中叶型，单生，肉厚，盖面深褐色，裂纹深，花菇率高。适于生料开放式栽培，60～70 天出菇
8911	8～18	东北、平原春栽	中大叶型，单生，朵圆正，肉肥厚，色深褐，菌丝抗逆力强，适于大棚生料床栽花菇，60～80 天出菇
L—087（856 同品系）	8～24	低海拔平川秋栽	中叶型，肉中厚，盖面黄褐色，朵形圆正，适应性广。60 天出菇，菇量集中，转潮快，成花容易
Cr-62	10～23	低海拔平川秋栽	中小叶型，菌盖圆正，黄褐色，柄短细，60～65 天出菇，转潮快，成花率高

续表 4-4

代　号	出菇温度（℃）	适应范围	形态特征与菌龄
农 7	10～22	低海拔平川秋栽	中大叶型，菌盖圆正，肥厚，茶褐色，抗逆力强，60～70 天出菇，成花容易，产量高
庆科 20	8～20	低海拔平川秋栽	菌盖褐色，菇形圆正，柄粗短，抗逆力强，菌龄 90 天左右，产量高，花菇率高

现有华东、东北、西北、西南等各地科研部门，积极配合花菇生产所需，选育了适合当地气候的新菌株。栽培者可根据当地海拔高度、纬度、栽培模式，因地制宜选定当家菌种。

（三）花菇带袋转色管理技术措施

花菇带袋转色管理上，注意掌握以下技术环节。

1. 严格控温　菌袋通过最后一次刺孔透气后，袋内菌丝体活力增强，加快新陈代谢，袋温明显上升，堆温和室温也随着提高。为此培养室内要加强通风降温，袋温控制在 25℃左右为宜。尤其是长菌龄的菌袋，应尽量采取措施降温，让菌袋安全度夏，防止超过 30℃。

2. 适度光照　转色前要求避光培养，如果光线强，温度偏高的情况下，菌袋进入最后一次刺孔后，12 天就开始提前转色，并少部分吐黄水，这就会导致转色过快，变为黑褐色，菌皮增厚；后期出菇少而慢，影响后期出菇，甚至没出菇就烂筒。转色期要给予适宜的散射光，一般光照度 200～300 勒有利于菌丝体转色。

3. 刺放黄水　在正常温度下菌袋培养 50 天左右，瘤状菌丝开始分泌出清水、黄水、红水或棕红水，这是代谢过程正常现象，标志着菌丝生理成熟。当菌袋内出现黄水时，要及时进行刺孔，让黄水从袋内排出。放黄水有利于菌皮厚薄均匀，有效地调整袋内的含水量，为花菇生长创造适度的水分基质；同时可避免因黄水淤积袋内，造成局部菌丝体自溶，导致污染杂菌而烂筒。

4. 难症补救 花菇菌丝转色阶段，由于受薄膜袋的包裹，氧气接触少，外界水分不能吸收，所以要比常规香菇脱袋排筒栽培法转色难得多，这是一个特殊性。解决花菇不转色的技术措施，主要是认真观察，区别现状“对症下药”。

(1)转色失常 发菌期由于低温或接种误过最佳季节，菌丝未能正常转色的，可将菌袋集中在菇棚内，重叠堆码，上面罩紧薄膜，使菌温、堆温自升，掌握不超过 23℃，时间 2～3 天。然后揭膜重新上架摆放，使菌丝加快发育，进入新陈代谢，促其转色。

(2)菌袋脱水 因培养期受光线照射水分蒸发，致使菌袋失水，可用注射器注入清水，以基质含水量不低于 50%为宜。补水后菌丝很快恢复正常生长，促进尽快转色，且受水刺激后也起到催蕾作用。

(3)菌丝干缩 菌丝表层干燥色泽有些萎缩的，可将菌袋刺 20～30 个针孔，然后摆放在菇棚内的畦床上面，时间 3～4 天，让地湿渗透进袋内，菌丝即可正常生长进入转色，然后上架摆放。

无论属哪一种原因造成菌丝不转色的，除上述“对症下药”外，都必须进行温差刺激。因为温差刺激可促使菌丝自身为抵制不适环境而加速新陈代谢，分泌色素，使菌丝形成保护膜，迅速从营养生长进入生殖生长，菇蕾就尽快出现。

(四)高棚多层培育花菇技术标准

1. 高棚特殊要求 高棚架层集约化立体培育花菇的菇棚，在构建中有其特殊性，主要有五方面。

(1)场地选择 花菇栽培场地除按照标准化栽培环境条件外，还要按其特殊要求，选择空气流通、冬季有西北风吹动，秋冬日照时间长、地下水位低、近水源的山地、旱地及排水性好的地方。

(2)菇棚结构 高棚架层是由外遮阳棚和内塑料大棚、多层栽培架、地面防潮覆盖物组成。菇棚四周设有排水沟，还有水管接到棚内，供补水用。菇棚长 10 米，宽 2.8～3.2 米，肩高 1.8～2 米，棚顶高 2.4～2.5 米，可摆放 1 500～2 000 袋，需毛竹或木材 700～800 千克，8 米宽塑料薄膜 13～14 米，遮阳网或草帘 10 米，铁丝、塑料绳、透明胶带若干。菇棚四周应保持有 2 米的开阔地，以利于通风。

(3)遮阳棚搭盖 遮阳棚高 2.4 米左右，用竹、林木搭成，支柱设在走道旁，菇棚南北窄、东西长，便于空气流畅，四周遮拦物不宜过密，以利微风吹动，带走水分。越夏期间，如菌袋放在棚内，遮阳物要厚，可用茅草等遮阴，达“一阳九阴”。秋、冬季出菇期间，遮阳物逐步稀疏，只要棚内温度不超过 20℃，尽量增加光照。特别是冬季低温季节，光照能提高菇棚内温度，加强蒸腾作用，使菇体表面水分蒸发变干，有利于加速子实体生长和促使花菇的形成。如若棚内不作菌袋越夏使用，遮阳物可用两层遮阳网取代。

(4)架层配备 多层培养架可用木材、毛竹搭建 4～6 层，层距 30～40 厘米，底层离地面 15～20 厘米，架宽 40～45 厘米。中间两排并拢，两边各设一排，左右两面操作道距离60～

70 厘米。在棚内不同部位挂几个温、湿度计，以便于随时观察调控温度、湿度。

(5)地面防潮　棚内地面用塑料薄膜或油毛毡覆盖。若土壤干燥的，也可以在地表铺一层干沙子。

2. 菌袋摆架方式　菌袋进棚逐袋摆放架上，具体技术规程如下。

(1)上架时间　视菌株特性和场地条件而定，越夏前排场上架，由于栽培量大，发菌室不够用的，接种后可把菌袋搬到棚内发菌和越夏。菌袋越夏后，始菇期来临之前平均气温在 23℃～25℃的季节，进行菌袋排场上架；也可以在 20℃终日至 15℃终日期间选择适合的天气，掌握菌袋现有零星菇蕾发生后，再把菌棒排场上架。

(2)区别菌情　L-939 菌株可在 9 月份平均气温 20℃～22℃时上架，而 L-135 菌株不宜过早上架，以防光照引起菌膜增厚，影响出菇时间。因此，只能在 20℃终日后现蕾时上架。菌袋含水量偏低，转色不好的，可推迟上架，因此类菌袋一经搬动就出菇，影响菇质；凡含水量偏低的菌袋，可排放在架层近地面的 1～2 层；含水量偏高的菌袋，可稍加拍打刺激后上架。

(3)调好袋距　袋与袋之间的距离要根据气候和菇棚位置而定，如若气候干燥，田野菇棚通风条件好，袋间距 5～10 厘米；如果菇棚在院庭旁边，通风条件差，光照不足，袋间距适当宽些，以 10～15 厘米为宜。要求袋与袋之间互不影响通风与光照，以利花菇形成。

3. 产前护理技术　菌袋上架后，棚内温度以 15℃～20℃、空气相对湿度 80％～85％为宜。出菇前 6～7 天，高海拔地区于 9 月下旬至 10 月上旬，日平均气温 20℃左右时，对转色较深，菌膜较厚，含水量偏高的菌袋，进行刺孔。

花菇菌袋长龄菌株，培养时间长达5～6个月，菌丝新陈代谢消耗水分较多，基内含水量必然下降；或菌袋长菇之后水分消耗已尽，袋内明显缺水，如不补水，菇蕾发生较难。因此，补水是花菇催蕾产前护理的重要环节，菇农称之是现蕾前"壮体水"。

补水时可采取集池浸泡：把菌袋顺序排列集中于浸水池内，至全部淹没菌袋为止，对菌膜偏干的菌袋采用浸泡方式更好；也可采用注水器，往菌袋注水，其优点是流量可控，不至于超标过饱。菌袋注水时水温要比菌温低5℃以上，使其形成温差刺激。特别是菌膜偏厚的菌袋，在冬季气温低，菌丝呼吸量较弱，注水时要抓住暖流来临的天气，先把菌袋堆叠，上盖薄膜，暴晒2～3小时，待堆温达到20℃～25℃时，注水效果更好。

4. 花菇催蕾"四法一控" 菌袋生理成熟转色进棚上架排场后，由营养生长转入生殖生长，也就是菇蕾发生阶段。此时正值深秋和初冬气候寒冷，菇蕾发生对自然生态条件不相适应，为此必须进行人工催蕾。各地的实践经验是冬季催蕾"四法、一控"。

(1)*群集调控催蕾法* 选择离浸水池和菇棚较近的一块宽敞、向阳、背风、平坦的场地，打扫干净。把补水后的菌袋，沥去多余水分，一袋一袋地竖立于地面，上覆盖薄膜。根据天气晴、阴、有风无风、风大风小等，采取不同措施，包括地面铺草，上面盖草，掀盖薄膜等进行调控温度、湿度、通风和光照。一般通过地面催蕾后3～5天可整齐现蕾。

(2)*拍打刺激催蕾法* 菌龄较长的菌株如L-939，具有受震动刺激发生菇蕾的种性特征。如果菌袋已到始菇期(≥

20℃终日前后)还不出菇,可一手拿起菌袋,一手用刺孔器以"惊木"方式拍打菌袋,或将两个菌袋提起相互碰几下,然后控制空气相对湿度 80%～85%,温度控制在 8℃～21℃,超过 20℃时适当通风换气,如此管理 4～8 天,大部分菌袋就产生菇蕾。再经过数天的保湿、保温,适当通风培育,菇蕾直径长至 1～2 厘米,接近顶到袋膜时,进行割膜诱蕾。秋季头潮菇用此法催蕾较多。

(3)注水基内催蕾法　对于含水量偏低的菌袋,或采菇后经养菌的菌袋,施行注水催蕾效果十分明显。

(4)光照保温催蕾法　光照能提高菌袋温度,保温则起软化干硬菌膜的作用,此法适用于温度、湿度偏低的冬季。一般元旦至春节期间,市场菇价较高,但由于低温干燥、菇蕾发生较少。此时可选择晴朗天气,将不出菇的菌袋移到有阳光照射的空旷地上,地面垫薄膜;然后把菌袋以三角形堆叠 8～10 层,上盖一层稻草,再覆盖薄膜,每天在太阳光下放置 4～5 小时,但要注意堆温不宜超过 25℃,待菌袋表面水珠晾干后再盖薄膜。这样重复 4～6 天后,大部分菌袋发生菇蕾。待菇蕾快要顶到袋膜时,再割膜诱蕾。有些菌袋转色太深,菌膜干硬,可脱袋后再用此法催蕾,长出菇蕾后,再套上 16 厘米×50 厘米的薄膜袋。

催蕾"一控"即:生态控制,催蕾期需要升温和增湿,两者形成矛盾。解决方法可采用白天揭开棚膜,接触自然气温,使部分幼蕾出现萎缩状态;选择晚上 18 时左右,把菇棚薄膜罩紧,然后进行升温加湿。当棚内明显出现水珠云集薄膜壁上时,菇体表面有湿润感,略有黏手,菇蕾呈弹性时,停止增湿,保持 12～15 小时。当菇体大量裂纹后,开始升温排湿。第一次排湿棚温降至 30℃,保持 2 小时左右;当袋温降至 15℃时熄火，并揭膜 5～10 分钟，再盖膜至天亮后，再揭膜晾晒。第二天重复第一天加温、加湿方法，温度上升后保持 1.5 小时揭膜，然后熄火 5～10 分钟，再盖膜至天亮，促进菇盖迅速裂纹。

5. 疏蕾控株技术“四关键” 当菌袋内现蕾后，用刀片割破袋面薄膜，让菇蕾破口而出，即所谓“割膜诱蕾”。这个环节，主要掌握好以下“四个关键”。

(1)菇蕾标准 袋内菇蕾长至直径 1.5 厘米左右时，进行割膜诱蕾较适。如果菇蕾太小，抗逆力差，会出现萎蕾；过迟，菇蕾太大，易挤压变成畸形，影响花菇质量。

(2)环割适度 袋膜环割大小，应以有利于菇蕾从割口顺利伸出袋外生长为度。因此刀片只能沿着菇盖四周环割，同时防止割伤菇蕾和菌丝。

(3)环境条件 割膜时还要把握好温度、湿度、空气和光照四者之间的关系。空气相对湿度保持在 85%～90%，有利于菇蕾发育。温度以 10℃～22℃最佳，光照以菇棚“七阳三阴”，每天揭膜通风 1～2 次，保持棚内空气新鲜。

(4)袋位调整 割膜后的菌袋，先置于菇架低层 1～2 天，利用地面湿度，满足菇蕾生长需要。待菇蕾长至 2～2.5 厘米时，再搬排于上层。如若菇蕾太小移至上层，易产生花边菇，降低花菇质量；若菇蕾太大移至上层，则不能形成花菇。

6. 护蕾保质技术“四到位” 菇蕾经过割膜破口长出后，进入幼蕾生长期。护好菇蕾是花菇培育的基础，在管理技术上强调“四到位”。

(1)保湿防风到位 幼蕾适应环境能力弱，从培养料内得到的水分不够其蒸发。若通风过度，空气过于干燥，会导致盖面失水而萎缩。北方秋冬气候干燥，菇棚内常用增湿机增湿。使空气相对湿度保持在 85%为宜，让其慢慢生长。但湿度不宜过大,以免菇体长速过快,组织松软,不利于表面开裂。

(2)适温控速到位　幼蕾期温度应控制在8℃～18℃,使其缓慢生长,促成组织紧密,菇体加厚。冬季气温低时,可加温培养有利于幼蕾正常生长。

(3)增加光照到位　冬季或早春,可把菇棚盖物全揭,要给以充足的直射光。晴天让阳光直照,有效提高花菇品质,但菇蕾2厘米以下时,不可直接照射。遮阴过密,不易形成花菇;光照不足,花菇颜色不白,在护蕾中都要注意。

(4)避免挫伤到位　在管理操作过程中,要保护菇蕾的完好性,不要让菇蕾碰撞挫伤,以免影响花菇朵形外观。

7. 蹲菇壮体管理"把五关"　蹲菇期间管理技术应根据菇蕾不同状况和不同气候,灵活采取相应措施,做到"把五关"。

(1)掌握湿度,灵活通风关　在蹲菇期内必须认真观察,如若菇盖表面湿润较浓,菇棚盖膜上方有较多的水珠出现时,说明棚内湿度偏大,应采取晚上加温,同时打开通风窗进行排湿;如若白天菇盖表面明显润湿,应及早进行揭膜通风,降低湿度;若菇盖干燥,可推延晚些揭膜通风;若菇盖明显缺水,表明偏干,则不必揭膜通风。

(2)区别蕾体,温湿适宜关　刚入棚的幼蕾,菇盖较小一般1厘米左右的,应盖好棚膜,使棚内温、湿度提高。如果棚内达不到12℃时,应进行增温,空气相对湿度达不到70%时,结合增温进行加湿,经培养1～2天后再揭膜通风。菇盖达到2～2.5厘米时,可在晚上揭膜,早上盖膜。

(3)观察长势,相应调控关　一般蹲菇7～10天后,菌盖组织紧实,手触有坚实感,菇体长至2～3厘米时,可转入人工催花。如果菇体仍感不坚实,应继续培养1～2天。寒冬大雪天，可让幼菇在低温下发育，待天晴后进行增温、增湿。

(4)看风管菇，避免脱水关　蹲菇过程如遇大风天气，必须紧盖棚内薄膜，并用秸秆把来风一面挡住，防止受大风侵袭，导致菇盖脱水；若挡风条件差，一场大风过后，大部分幼菇表面干涸萎缩时，应盖好薄膜，并增温、增湿，使其复壮。

(5)善观菇色，适时排气关　若棚架上层的幼菇盖面颜色变黑，说明夜间加温时没及时排气，应在棚内上方开好 30～40 厘米的排气窗；如果通风条件较好，而菇盖发黑，说明加温的煤含硫量超标，应改为管道式增温方法。

8. 催花保花技术规程“五掌握”　催花是指人为创造条件，促进菇盖表面裂纹形成的过程。在催花和保花管理过程中应注意内部因素与环境因素的协调，具体技术为“五掌握”。

(1)掌握标准，适时催花　菇蕾直径长至 2～3 厘米时，是催花的适期。若菇蕾直径达不到 1 厘米时催花，由于营养积累不足，难以抵抗干燥环境条件，以至萎缩死亡，或菌盖过早开裂，只能形成花菇丁；若子实体直径长至 3.5～4 厘米时再催花，将会形成四周有直线辐射状裂纹，而菇盖中心干燥无裂纹的伞纹花菇。如果子实体已破膜开伞，再处于低湿度的环境中催花，只见菇盖表面干燥膨紧，不形成裂纹。

(2)掌握棚膜，合理通风　菌袋上架后需减疏东西向的遮阳物，同时揭开四周塑料薄膜，使东西向有风流动，以降低棚内湿度。如遇棚温超过 18℃时，要增加遮阳物，揭开塑料薄膜，以降低温度。气温连续低于 10℃时，阳棚上的遮阳物适当排稀，甚至全部去掉，并垂挂四周薄膜，减少冷气袭击。降低空气相对湿度要循序渐进，让菇蕾有个适应过程。起初1～2 天空气相对湿度控制在 70%左右，使菇蕾表面形成干燥，逐渐出现微小裂纹，在此基础上温度控制在 10℃～15℃，空气相对湿度控制在50%～60%。当菇蕾生长至2～3厘米大小时，应掀开东西走向作业口的薄膜，并把四周罩膜拉高，以利于风流，促使菌盖裂纹。

(3)掌握光源，引光增白　秋、冬季气温低，在温度12℃～15℃范围内，直射光有利于花菇裂纹增白。光源调节方法，可采取拉稀棚顶遮阳物，甚至全部揭开，让直射光透入，促使盖面裂纹顺利形成，这是催花管理关键技术所在。但要注意，如果气温超过23℃，直射光会灼伤菇体，遮阳物就要调整，以防光的伤害。因此催花阶段应根据不同的气温条件，灵活科学地利用光照。

(4)掌握湿度，促进裂纹　降湿可采用除湿器或热风管道置于菇棚内加温、排湿。但在催花期间，也要防止环境过于干燥，以免花菇生长缓慢或干枯。北方气候冷，一旦过于干燥时，可采用喷雾器喷雾化水，空气相对湿度控制在50%～60%，促使盖面顺利裂成花纹。

(5)掌握适温，提高菇质　温度高低和温差大小，虽然不会直接影响花菇盖面裂纹的形成，但也影响花菇生长速度和菌肉厚薄。在较高温度环境下，只要子实体还能生长，都会形成花菇，但形成的花菇肉薄柄长，商品价值不高；若在8℃以下的环境，虽然长出的花菇肉厚柄短，但生长周期长，影响总产量。要争取在秋、冬季有限的黄金时期内，多长几潮肉厚、柄短的花菇，还需避免温度偏高或偏低，注意把温度调控在最适宜花菇生长的范围内10℃～15℃，以夺取花菇高产优质。

9. 春季花菇管理“四措施”　入春后气温逐日升高，且江南及中原地区降雨连绵，空间湿度增大。菌袋经过秋冬长菇，凹陷伤疤满布，基质衰弱收缩，自身条件和春季外界生态不成正比，致使较难形成花菇。如果没采取特殊措施，也只好脱袋转入培育光面厚菇，晚春生长薄菇。北方早春气候转暖较迟，东北各省“清明”才解冻，仍可在春季长出花菇。春季培育花菇的“四措施”为。

(1)补充水分　入春后的菌袋内含水量较低必须注水，使培养料内增加水分。也可以采用过磷酸钙、葡萄糖等制成混合液，浸筒补充养分。

(2)因时催花　早春气温低时，如果菇蕾表面干燥可喷水增湿，下午 2～3 时当棚内大量菇盖裂纹时揭膜。如果晴暖天气菇蕾白天通过晾晒风吹表面偏干，可在夜间盖膜增湿。当菇盖湿润时，进行加温；同时加大通风排湿进行催花。大雾天气不揭膜，棚内加温排湿至雾状消失时揭膜通风。

(3)控湿保花　雨天可在早上加温、排湿 3～4 小时，加温时要比平时加大 1 倍，并加大排气，让棚内湿度在较短时间内降至 70%以下。如菇盖边缘有明显干燥缺湿现象，可在下午揭膜或把两旁的薄膜撑起，让外界湿度透入，使其增湿，如此连续即可照常生长白花菇。

(4)防止烂筒　晚春气温升高，常出现菌筒霉烂，多因绿霉引起；有的因注水过饱，又遇高温，使菌丝解体。防止办法：补水或浸筒后，应置于通风干燥处，让菌筒表面干燥。对已污染杂菌的应淘汰处理，并加大通风量，保持棚内空气新鲜。

10. 复壮再生花菇技术规程

(1)生息养菌，掌握时期　以采完菇终日起 7～10 天，气温低时延长至 15 天，让菌丝体在这间歇期内恢复健壮，以达到原采完菇后留下的凹陷处菌丝发白，吐出黄水时，说明菌丝复壮生理成熟。

(2)控制适温，避免强光　生息复壮阶段，温度以 23℃～25℃为适。冬季气温低，可把菌袋集中菇棚内，按“井”字形重叠 5～7 层，上面盖草帘或秸秆，起到保温遮光作用。温度低的复壮较慢，如果光线太强，会刺激原基过早出现，影响第二潮菇质，因此要控制光线。

(3)补充水分，控制湿度　随着长菇潮数的增加，菌袋含水量比原有明显减少就应补水。补水后以达到袋内含水量前期 50%～58%，后期 45%～50%。24 厘米大袋第一次补水后的重量达到 4.3 千克左右，第二潮菇收后，补水达到 3.5～4 千克即可，第三潮菇收后补水达到 3.3～3.8 千克为宜，形成一个逐步减少的梯度。菇棚内空气相对湿度控制在70%～75%，形成内湿外干的养菌环境，有利于菌丝复壮。如果此时空气相对湿度过大，会出现提前长菇，但菇质次，一遇寒冷天气，菇蕾容易萎缩。

(4)适当通风，更新空气　复壮期棚内适当通风，确保空气新鲜。补水后的菌袋，气温正常时直立排放在地上让风吹，迫使表皮干燥，夜间覆盖薄膜，经 5 天左右的管理，袋内菌丝体即可复壮，并进入继续长菇。

五、小棚大袋培育花菇技术标准

(一)小棚选址构建

场地选择向阳、通风、地势高燥、近水源、进出方便、环境清洁卫生的地方建棚。棚长 5～6 米，宽 2.4～2.5 米，面积 12～15 平方米，前后墙高 1.6～1.8 米，山墙顶高 1.9～2 米。菇棚采用竹木结构，或将两端用砖泥砌成墙，墙一端中间留宽 60～80 厘米、高 1.7 米左右的门，棚顶呈拱形或“人”字形或半圆形。菇棚内正对门留宽 80 厘米的人行道，棚内两侧设架层宽80厘米，每隔1～1.5米设立柱和横梁支撑，架层分5～6层，层距35～40厘米，每层用4根竹竿置放作为隔板，供放菌袋用。每架层可横放2排菌袋。这样规格的菇棚，可排放500～600袋。棚上覆盖薄膜，两边落地用土压实。冬季需要加温时，可在棚内地下修一回形火道。菇棚附近建一个浸水池，以便补水时用。水池用砖砌成，长2.5米，宽2米左右，高1米。或者挖一个同样大小的坑，内垫一张厚塑料薄膜，同样可起浸水池的作用，且节约费用。

(二)菌袋达标催蕾

菌袋经室内养菌60～80天后生理成熟，通常于11月上中旬搬进棚内排放于架层上，并转入催蕾管理。进入催蕾的菌袋，必须菌丝满袋，瘤状物形成，并有零星小菇蕾发生；菌袋重量有明显减轻，一般为原接种时菌袋重的70%～80%；若为早熟菌株的菌袋，重量一般为接种时重量的85%～90%。大袋的菌丝体在发菌培养期间进行刺孔透气，袋内水分散失较多，通常偏干；加上北方空气干燥，所以河南省泌阳县菇农催蕾采取浸水和堆袋盖膜保湿同时进行。在菌袋上刺8～12个小孔，然后排放在浸水池内，上面用木板压实再灌水，至淹没菌袋为度。要求水温要比气温低5℃以上。尤其是第一潮菇。浸水目的是给菌袋以干、湿差和温差刺激，补水量以菌袋含水率不超过55%、浸水后重量应稍低于44克为宜。

还可采取集堆覆膜：将水池中取出浸水适度的菌袋，一个靠一个竖立在地面麦秸上，洒适量水后，上面盖一层塑料薄膜和一层麦秸，薄膜内壁有水珠往下流；堆温超过25℃时，应及时通风降温，一般20分钟左右，以不让菌袋表面菌膜晾干为准。经3～5天连续操作即可现蕾。

（三）割膜选蕾疏蕾

当菌袋现蕾后，幼蕾尚未触及薄膜，菇蕾直径1～2厘米时，用小刀在幼蕾四周环割2/3或3/4薄膜。同时结合疏蕾选优去劣，把畸形的、不健壮的、丛生的、过密的幼蕾去掉，以每袋保留6～8个菇蕾为宜，尽量使留下的幼蕾保持适当距离，大小一致。

割后幼蕾伸出袋外，仍要集中在地面排堆放2～4天，但堆放时注意不要碰着、挤着、压伤幼蕾；把袋子放斜一点，盖好薄膜和麦秸，适当通风和稀疏麦秸以透光，但要防止大风吹刮。幼蕾已伸出袋外的，在地面堆放几天后，就可进棚上架。刚进棚上架菌袋的幼蕾，对环境的抵抗力弱，要使选留的幼蕾成菇，温度应控制在12℃～15℃，空气相对湿度保持在80%～90%，并给予散射光和新鲜空气。

（四）蹲蕾壮菇保质

蹲蕾的目的是控温促壮，让幼菇个体积蓄更多养分，使菇肉致密坚实，为培养优质花菇打下物质基础。当幼菇长到菌盖直径在2.5厘米时，进行控温促壮，一般需蹲菇5～7天。此阶段温度控制在5℃～12℃，空气相对湿度保持在80%～85%，给予适当的光照和充足的氧气。蹲菇阶段棚膜白天是否掀去，要依天气和菇蕾的生长情况而定。无风的晴天和需要通风换气时可揭去薄膜，让太阳光直射幼菇，揭膜时间的长短，应以温、湿、光、气四个因素综合协调考虑，不能顾此失彼。蹲菇达到手指摸菇盖有顶手感，似花生米硬为度，达到这个标准，其组织坚实、菌盖表皮产生裂纹后，就能培育出优质花菇。

(五)催花育花保花

1. 催花 菇蕾成熟度以菌盖直径在2～3厘米,菌肉致密坚实,菌盖圆正时催花。此时可使裂纹呈龟裂状,育成优质的白花菇或爆花菇。如菌盖直径大于3.5厘米时催花,易形成条状裂纹。小于2厘米时催花,易形成花菇丁,培育不出优质花菇。泌阳人在实践中创造了科学催花经验,归纳为:"短加温、长通风、强光照"三字经。具体操作方法如下。

(1)短加温 选择晴天夜间,在罩紧薄膜的菇棚内加温、增湿,使棚内温度迅速升高至25℃左右;同时喷水使空气相对湿度达到85%。加温、增湿每次时间掌握3小时左右,可连续3～4天,使菇体表面处于湿润饱和状态,加速细胞分裂,增加活力,菇体肥厚。

(2)长通风 通过加温、增湿后,把菇棚罩膜全部揭开,温度急降,温差15℃左右,冷风侵袭菇体,使饱和状态的菇盖,又处于干燥环境,形成较大的干湿差和温差刺激,造成菇盖表层与肉质细胞分裂不同步,迫使菇盖表皮破裂。如遇2～3级微风吹拂,更有利于增加花纹深度。

(3)强光照 花菇无光不白,光线能促使菇盖裂纹后露白的组织,增加白色纯度。因此必须增加棚内光照。秋冬和早春日照短,晴天全日制揭开薄膜,让阳光直接照射菇体上,促使菇盖加速裂纹露白,形成白花菇。

强化催花必须灵活掌握温、湿度,光照和空气,相互比例协调,便可培育高产优质的爆花菇,天白花菇和亮花菇,其花菇率可达95%。

2. 育花 获得菇盖表皮裂纹继续加深加宽,白色菌肉呈龟裂状,表皮不生长,只剩下点点斑斑褐色小块或全部变白的过程,俗称为“育花”。在幼菇菌盖表皮出现裂纹后，依照上述方法连续操作4～5天，时间选择晚上11时以后仍在棚内加温排湿4～5小时，菌袋内温度达15℃以上，使幼菇慢慢生长，菌肉加厚、加密、裂纹不断加宽加深，并越来越白。白天晴天时仍将菇棚上薄膜掀去，让冬季的太阳直接照射菌盖，有利于裂纹增加白度。

3. 保花 持续保持低温和干燥的小环境，使菌盖表面一直保持白色不变的操作管理过程，习惯上称为“保花”。如果棚内空气相对湿度达70%以上持续3～4小时，而且温度在15℃以上时，幼菇盖面露出白的菌肉就会再生出一层薄薄的表皮，初形成的表面细胞层很薄，呈茶红色的膜；如若空气潮湿时间延长，且温度合适，表面细胞增多加厚，颜色加深，这样必然把原来的白色菌肉覆盖，天白花菇就变成茶花菇或暗花菇，降低了商品等级。因此，要使天白花菇在生长发育过程中一直保持白度不变，就要防止菇棚内空气相对湿度超过70%。由于菇棚内地面潮湿、雾天或雨雪天气湿度大，以及袋内水分蒸发引起，也会由于晚上温度降低后空气相对湿度自然升高。在湿度大的情况下，温度在10℃以下菌肉也不会马上变红。防止空气相对湿度增大的措施，要根据潮湿不同的来源，采用不同的方法。如雾天或雨雪天气就得盖紧菇棚薄膜与外界隔绝，地面潮湿可铺地膜，也可采用加温排湿方法，根据具体情况灵活采用。

六、北方日光温室立体培育花菇技术标准

(一)日光温室设施

北方日光温室，俗称塑料温棚，建造标准要求东西向、坐

北朝南方位偏西 5°左右。室宽 6.5～8 米，长度不限，温室脊高与宽比为 1∶2.5，前后两室间距不小于 5.5 米，温室内搭 5～6 层培养架。温室性能指标：冬至节气室温 7℃以上，通过加厚草帘、引光增温可达到 15℃以上；光照采取调节草帘比例控制光线多与少，室前面平均相对光照可达到 60%以上；抗雪负载 20 千克/平方米，抗风负载 30 千克/平方米，最大负载 100 千克/平方米。

(二)生产季节

北方花菇生产季节分为：春栽 4 月下旬接种菌袋，9 月下旬进日光温室转色，10 月初至翌年 5 月份长花菇；秋栽 8 月下旬至 9 月初接种菌袋，11 月份至翌年 5 月份长花菇。按照不同气候特征因地制宜确定生产季节。

(三)菌株选择

适于北方高寒地区的菌株，春栽用长菌龄、晚熟菌株，如 241-4、L-393、L-135 之类，菌龄 160～180 天；秋栽宜用短菌龄、早熟菌株，如 Cr-62、L-087、农 7、L-856、申香 6 号等，菌龄 60～75 天。注意：两季使用菌株温型不同，切不可误用。

(四)菌袋培养

栽培袋规格 17 厘米×55 厘米的中袋，25 厘米×55 厘米的大袋，15 厘米×55 厘米小袋 3 种不同规格均可。培养基按常规进行配制，装袋、灭菌、冷却。采取双层套袋不封接种口。发菌培养温度 23℃～26℃为适。春栽低温接种污染率低，但需加温发菌，菌袋度夏注意防高温，8 月中旬菌袋刺孔通风，诱导原基形成。秋栽时遇高温，注意通风，疏袋散热降温。两季养菌后期均需散射光照，有利于原基发生。

春栽的花菇品种菌龄较长，需越夏。高温期发菌应注意的是：接种后菌丝发至8～10厘米直径时，脱掉外套袋，从接种口处进氧增温促进发菌；接种10天后每隔8～10天翻堆检查杂菌，并变换菌袋摆叠位置；发菌期间通氧2次（高温期不可通氧），并及时进行降温；保持通风、遮光。

（五）转色诱蕾

采用转色划口不脱袋出菇。春栽的于8月中旬开始打孔通氧，促使原基形成；出现转色迹象时给予20%～30%的散射光线，加大昼夜温差达8℃以上，转色一半以上时转场搬进温室上架摆袋。此时通常在9月下旬或10月初。搬运时轻拿轻放，防止暴发性出菇。温室经3～5天日晒后喷石灰水，降低酸性环境，防止病原菌污染。秋栽菌龄2个月，约在11月份搬进温室上架摆袋，并进行日夜10℃以上温差刺激，诱发菇蕾发生。当菇体长至1厘米时，进行选优去劣，疏蕾控株，用刀片划破袋膜，促进选留的菇蕾伸长。温室内空气相对湿度控制在70%以下，并增加散射光照，使菇蕾正常生长。

（六）蹲蕾催花

日光温室秋季温度往往高于子实体生长的15℃温区，空气相对湿度均在85%以上。为使菇蕾培育达到肥厚的目的，温度应控制在10℃～15℃，可通过调整草帘，使温室调节至适于菇蕾生长发育；同时室内底部盖膜要敞开，加大空气流量降湿，空气相对湿度控制在60%，维持7～10天，菌盖裂纹，菇体逐渐膨大，达到催花效果。

（七）保花保质

菇盖成花后，白天揭开草帘，让光源直射菇体，温度在10℃～20℃，保持温室内空气流量，有足够氧气。空气相对湿度不超过65%，使盖面裂纹逐步加深，增加白度亮度，保花半个月以上，即可育成优质白花菇。日光温室秋冬育花菇，温度不成问题，而难以控制的是空气相对湿度，尤其雨雾天气，如果催花保花阶段排湿跟不上，必然造成白花变褐，纹理变弱，形成荷花菇。

（八）四季长菇管理技术

北方日光温室立体培育花菇，通过特有的人工保温调控设施，采用架层式立体栽培，便于人工控制温度和温差，有利于花菇正常形成；通过随时掌握湿度，保证花菇的质量和产量；适当调节光线，增加花纹的白度；给以适当的风吹，促进花菇的形成和花纹的深度。四者有机地结合达到北方优质花菇的高品质、高产量和高效益。秋菇、冬菇、春菇和夏菇四季，在管理上区别对待。

1. 秋菇　加强控温、防湿。9～10月份常有较高气温出现，采取遮草帘、多通风使其降温，室温掌握在20℃以下，现蕾前空气相对湿度保持在85%～90%。待菇蕾长至1厘米时，用刀片破口现蕾，室内空气相对湿度降至70%以下，并增加散射光照的时间。若遇阴雨、雾天不宜揭膜通风，以免影响花菇白色裂纹变褐。

2. 冬菇　注意防寒保温。采用阴阳比例揭帘引光增温，必要时可在上午日出1小时后全部揭起草帘，日落前半小时放帘保温，使室温达到8℃～20℃，昼夜温差10℃以上。

3. 春菇 及时补水补液。争取春季多出菇、出好菇。菌袋经正常的养菌复壮管理后，采用浸水、注水，并加入生长素补营养，补水比例以栽培袋原重的90%左右为宜。若袋膜严重破坏时，可剥掉袋膜补水后重新加上外套袋，再划口现蕾出菇。

4. 夏菇 重点降温防害。夏季气温高可采用室顶外喷水降温，室内撒石灰粉防潮，补水后喷杀虫药剂驱虫。5月底栽培袋营养已损耗90%以上，出菇结束。

七、香菇组合式栽培技术标准

组合栽培指的是香菇与其他菇菌或农作物、果树等间套种和连作，巧妙利用空间与地间的自然生态条件，使香菇与农作物枝叶遮阴等互补，使菇田提高利用率，达到更高效益。

(一)组合栽培基本要求

按照组合栽培的基本要求，在实施组合栽培时，特别强调下列条件。

1. 场地标准 在划定组合栽培的区域无论是田地或是林果间，都必须与常规栽培场地保持一定距离的过渡带。土壤、大气层按标准化栽培要求通过检测认可。

2. 间套作物框定 间套组合的作物，以玉米、林木、果树、桑树或特异菇类为主。而瓜菜豆生长过程，病虫害较多，不利于组合栽培。无论选用那些品种都不得使用转基因品种，并在事前经有关部门认定后，方可应用。

3. 园艺管理要求 凡被列为组合栽培的农作物或果树在施肥和防治病虫害方面，都必须严格按照有机农业要求进行科学施肥和综合防治，防止重金属农药残留超标和病原微生物的潜伏，侵蚀香菇子实体上，造成产品质量下降。

4. 建立实施档案 对列为组合栽培的农作物和林果菜，从播种育苗，移栽定植、生长发育、全过程每次使用的肥料，名称用量以及病虫害防治等都要及时如实登记入档，方便认证有机产品作为申报的依据。

（二）玉米地间种香菇技术规程

玉米地间种香菇首创于东北地区，形成一套成熟规范化的地栽香菇工艺，收到较高的效益，只要玉米和香菇两个品种都按照有机农业生产要求，才可列入组合栽培，香菇与玉米间作技术规程如下。

1. 生产季节 根据东北气候，香菇栽培季节以日平均气温在1℃～5℃时为最佳播种期。辽宁省播种适期为3月20日至4月15日，最迟不超过4月20日；吉林省播种适期为4月1日至15日，最迟不超过4月20日；黑龙江省播种适期为4月20日至5月1日，最迟不超过5月15日。

2. 培养基配制 玉米地间种香菇不是采用袋料，而是采用半生料畦床堆料。常用配方有以下两组。

（1）配方1 杂木屑85%、麦麸10%、玉米粉2%、豆粉1%、石灰1%、石膏粉1%。

（2）配方2 杂木屑45%、玉米芯粉40%、麦麸10%、玉米粉2%、豆粉1%、石灰粉1%、石膏1%。

培养料混合拌匀，含水量55%左右，常压灭菌上大气2小时后停火，30分钟后出料控干后，趁热装入经消毒的编织袋内，扎紧袋口，置于野外避风阴凉处冷却。

3. 整畦播种 按照有机栽培要求条件，选择通风良好、不涝不旱、不是黏重土及沙质土的场地作为栽培场，畦床坐北朝南，东西垄向遮阴，床宽 60 厘米，作业道宽 80 厘米，长度不限，每 10～20 米长做 1 个小埂，畦深 10～20 厘米，畦面龟背形，四周筑埂，畦面用石灰(200 克/平方米)消毒。

菌种选择 Cr-04、L-26、L-867、L-937、Cr-66、武香 1 号等中高温型菌株。播种时先将香菇菌种掰碎成玉米粒大小。在消毒过的水泥地面，将冷却的培养料按 20 千克干料(湿重 45 千克)混拌菌种 4～4.5 袋。播种时，先在畦床上铺地膜，再将拌有菌种的培养料铺在地膜上。每平方米铺料 20 千克(干料量)，厚 8～9 厘米。然后将菌种按每平方米 2～2.5 袋的比例均匀播于料面，拍实压平后料厚 6～7 厘米。菌料压平后，床面再铺放经石灰水浸泡控干的稻草，横向放一束通风草把。草把一头放在薄膜上，再折回另一侧薄膜，然后将菌料包好，并将稻草把另一头露出薄膜外。最后再覆土厚 5 厘米左右。同时，作业道中间开一条排水沟。

4. 作物种植 香菇播种结束后，按照每条作业道北侧种植 1 行玉米或向日葵作为遮阳物。玉米株距 20～25 厘米，向日葵株距 45～50 厘米。要求晚间苗，多留苗，以免菌床撤土时碰伤小苗。

5. 撤土开包 一般播种 30 天左右，菌丝穿透培养料，即 5 月中下旬进行撤土开包。操作时，选择无风晴天早、晚进行，先将菌床上的覆土用光滑的木板轻轻刮开，把土推到床边，抖掉薄膜上的残土，揭开塑料薄膜，将稻草把和稻草轻轻取出；再将床两侧塑料薄膜折回，以利通风。同时在畦床上搭拱膜棚、草帘遮阴。

6. 转色催蕾 打包 7 天后第一次通风 30 分钟，选择无风天或雨后的上午 11 时前或午后 2 时后进行。操作时卷起草帘，打开塑料薄膜，料面有水珠和积水的地方用泡沫塑料吸除，积水较多的要用木棍扎眼渗到地下。第二次通风是打包后 14 天，方法、时间同第一次一样。对湿度大、菌皮突起成瘤状的，要通风 1 小时，结合通风清除料面积水。畦床拱膜上帘后，床面的散射光可满足菌丝转色对光照的要求，达到正常转色。打包后如降雨过多，要增加通风次数，及时排除料面积水。长时间干旱时，草帘调低，也可在晚上揭膜淋露水或人工喷水。第二次通风后，菌丝达到生理成熟时，选择无雨天的晚上，打开草帘，揭开薄膜，翌日早晨再盖上。经过 5～6 天的温差刺激，培养料表面出现爆米花状裂纹，菇蕾很快形成。转色后若长时间不出菇，可打开塑料薄膜用木块拍打料面催蕾。菇蕾出现后进行疏蕾控株，根据不同品种和商品菇的要求，适当掌握。

7. 出菇管理 转色后进入 6 月中下旬，畦床两侧出现报信菇，7 月上旬至 8 月中旬，气温达到 25℃以上时，歇伏越夏，将料面收拾干净并调高草帘；雨后及时清除料面积水，防止高温、高湿杂菌感染。干旱时可往排水沟内放水，防止菌块断裂。立秋后气温开始下降，当日平均温度降至 20℃时开始出菇。菌块过干要适当拍打或踩踏一下，随后浇水促进出菇。阴雨天可将草帘掀开，让其自然接受雨露增湿。秋菇采收结束后，将拱条撤掉，把草帘或散草盖在菇床上越冬，培养料含水量偏低的应适当补水，使其含水量达到 40％～55％。翌年 4 月中下旬，将散草拣出，料面收拾干净，如果培养料偏干的，要补充水分，使培养料含水量达到 55％～60％，促使正常出菇管理。

(三)葡萄园间套栽培香菇技术规程

葡萄在我国从南到北均有栽培，并且规模很大。利用葡萄棚架下的地面栽培香菇，不仅可免搭遮阳棚，节省成本，而且在气温高时，其枝叶可自然调节温度和空气，对香菇生产十分有利。这是一种葡萄种植同香菇结合与循环利用的高效生产路径，因此很快便在葡萄产区推广应用。具体技术规程如下。

1. 园地整理 套种香菇的葡萄园最好的是搭棚架，选4年以上果树，遮阴效果好，并要求地势平坦、排水方便。栽种前在果林整地做畦，一般畦宽80厘米，深20～30厘米，长度视园场而定。在畦上挖1条宽约10厘米的水沟与果林水渠打通；畦两侧每隔60厘米插1支竹片搭成小拱棚。

2. 季节安排 香菇生产抓住春、秋黄金季节。春夏间作的菌种选用中温高型申香2号、Cr-04、武香1号、汉香2号菌株。2～3月份菌袋制作与培养，5月份脱袋排场转色出菇，至10月份成熟。夏、秋季间作的菌种选用低温型或中温偏低型申香6号、L-939、L-135等菌株。7～8月份菌袋制作与培养，11月份脱袋排场，转色出菇，至翌年4月份结束。

3. 菌袋制作 菌袋选用17～24厘米×55厘米的折角袋，外套为18～25厘米×58厘米的塑料袋，培养料配制与接种发菌培养，其工艺流程按常规操作。

4. 排场转色 提前7天铲除葡萄园间杂草，在畦面撒一些石灰粉消毒。袋内菌丝生理成熟时脱袋排场。将菌筒竖直放在畦内，间距5厘米左右，填2厘米厚的细土将菌筒竖直固定好。拱形支架上盖塑料膜，向畦内浇1次水，创造一个恒温、高湿的小气候，促进菌丝迅速生长。温度控制在18℃～

25℃，空气相对湿度为85%，散射光为宜。早、晚掀膜通风透气，每天傍晚喷水1次，一般10～12天形成薄层棕褐色菌膜。在转色过程中，发现有黄色水珠蓄积时，用清水冲掉，以防发生霉菌烂筒。

5. 出菇管理 催蕾采用温差刺激要分清季节，低温季节以掀盖薄膜，提高棚内温度为主；高温季节以白天向畦沟内浇水，借助葡萄枝遮阳为主。葡萄生长管理，要按照有机生产要求不能使用农药，园内保持散射光，注意掀膜透气。香菇子实体生长期空气相对湿度应保持在85%～95%。葡萄园主要是保证水分及时供应，通常早、晚各喷雾状水1次，以浇湿畦面及菇筒为准。西北地区具备昼夜温差大、气候干燥的自然条件，培育花菇十分有利。一般白天掀膜，傍晚喷水，晚上加温、排湿，翌日早上掀膜浇水，达到温差、干湿差循环过程。经4～6天连续刺激花菇开裂，为使菇盖大而白，裂纹深宽，需再保持10～15天低温干燥的自然环境，白天掀膜增温排湿，晚上盖膜加湿，空气相对湿度控制在70%范围，即可培育优质花菇。

（四）香菇、灵芝周年交替栽培技术规程

香菇、灵芝栽培，既有相似的一面，又有不同的特性。两者都是以培养料装袋作载体。灵芝子实体发生在夏、秋两季，而香菇子实体则发生在冬春两季。香菇在遮阳棚畦床上排筒出菇管理，而灵芝袋栽，在荫棚畦床内埋筒覆土出芝管理。灵芝与香菇在场地要求、畦床方式、光照通风条件上基本相似，而且灵芝的子实体生长相对而言病虫害甚少，完全有条件与香菇组合交替，进行周年性栽培生产，提高栽培场的利用率，达到高效收入。

1. 菇芝周年交替　香菇与灵芝组合栽培有两种形式。

(1)秋菇夏芝　春季接种香菇菌袋，采用 241-4 菌株，长菌龄，菌袋越夏养菌，秋、冬季出菇；灵芝春末接种，室内发菌，夏季菇棚休闲期排场出芝。

(2)夏菇秋芝　香菇春季 2～3 月份接种，采用高温型 Cr-04、Cr-20 等菌株，短菌龄，菌袋夏季进棚埋筒覆土出菇；灵芝夏季接种养菌，秋季菌袋进棚埋筒覆土出芝。

上述两种方式交替栽培的灵芝品种，应选用适应性强的品种，如韩国赤芝等。

2. 生产季节安排　灵芝生产季节，宜在夏季气温高于 30℃之前，和秋季气温低于 20℃之前，灵芝子实体进入生理成熟。为此组合栽培时，在海拔 400 米左右的地区，秋菇夏芝组合时，香菇接种应安排在 2～5 月份；灵芝接种期一般安排在 3～4 月上旬。夏菇秋芝组合时，灵芝的接种期安排在 7 月上旬，香菇接种期安排在 2～3 月份。并且随着海拔的升高，灵芝的接种期也应适当推迟。

3. 栽培管理措施　香菇、灵芝组合周年性栽培，在每一次香菇或灵芝栽培结束后，应及时清理生产场地，以备下一次灵芝或香菇栽培生产。香菇菌丝长满全袋的 241-4 菌株度夏养菌，防止高温为害。灵芝栽培可用 15 厘米×30 厘米聚乙烯袋，经装袋、灭菌、接种后，在培养室内进行菌丝培养，温度控制在 24℃～26℃，利用自然气温发菌。气温超过 30℃时，要采取通风等降温措施，并保持培养室有一定的散射光。一般经 35 天左右培养菌丝可长满全袋，即可进行出芝管理。

春季气温低，当灵芝菌丝布满全袋后，应及时移入光照较充足的菇棚，摆在畦床上进行催蕾。畦床上覆盖薄膜，空气相对湿度保持在 85%～95%，出现芝蕾时拔去袋口棉塞，并适当剪短袋口薄膜。当芝蕾伸出袋口逐步形成菌柄菌盖时，注意温度、湿度、通风和光照的调节。出芝适宜温度为 25℃～30℃，空气相对湿度在 85%～95%。当幼芝进入成芝期后，在气温适宜的条件下，必须直接喷雾于子实体上，每天 2～3 次，并加大通风量，防止超温。

(五)香菇、竹荪组合栽培技术规程

香菇、竹荪组合栽培，是根据竹荪多在野外畦床栽培，播种后在畦床内潜伏，每年 6 月份出荪只有一季，其余 8 个月畦床是空闲时期。竹荪抗逆力极强，由于它有一种特异浓香，虫蚊不敢接近，所以栽培过程不要使用任何农药，完全适合有机栽培与香菇组合。利用竹荪采收结束后的空闲地用于栽培香菇，可形成组合的周年生产。组合式栽培技术规程如下。

1. 季节安排 竹荪畦床套种香菇，为调节好产菇季节，竹荪应在香菇脱袋下田前 15 天堆料播种，使竹荪菌丝萌发定植。香菇菌袋下地排场后，一般 12 天左右才开始喷水使菌筒转色，这样前后有 25 天左右的时间，竹荪菌丝已蔓延入基料中，此时湿度要求刚好与香菇脱袋喷水有机结合。如果间隔时间太短，菌丝正在萌发定植期不需水分，如水分过大会导致竹荪菌丝霉烂。

另一种是利用现有香菇畦床栽培竹荪，只要在每年 5 月份香菇子实体能采收结束的地区，竹荪栽培季节就可安排在 4 月份。当香菇菌筒搬离畦床浸水时，趁机把竹荪培养料和菌种播在畦床上，然后让香菇菌筒搬回畦床上排放。另外，春季香菇菌筒开始不同程度地解体，此时进行菌筒调整，把已解体的菌筒搬走，尚未解体的菌筒集中，腾出畦床分期分批地进行播种竹荪。5 月份香菇采收尚未结束的场地，不宜种竹荪。

海拔600米以上的高寒山区，6～9月份菌筒仍在长香菇，也不宜套种竹荪。

2. 配套品种限定 要衔接好荪、菇生长季节，在品种上应配合好。竹荪应选择高温型荆棘托竹荪菌株，如D-古优1号、D-76、D-720等，产菇均在6～9月份。香菇必须根据海拔高低，因地制宜地选择配套的菌株。南方各地海拔在300米以上、600米以下的地区，应选择中温偏低的香菇菌株，如L-087、856、Cr-02、Cr-62。其子实体在5月底前基本上采收结束。在海拔300米以下的地区，常用的香菇菌株如Cr-04、Cr-20、L-26等，5月底基本上也采收结束。这样才能适应6～9月份竹荪子实体的生长需要，使荪、菇相衔接，互不矛盾。

3. 管理技术规程 香菇、竹荪组合周年栽培技术，第一年竹荪的堆料、播种栽培管理和香菇菌筒的制作、培养管理均按常规方法，只是在菌筒排场前后和结束时，要掌握好以下几点。

(1)畦床整理 竹荪采收结束后，及时把畦床整理成中间高、四边低的龟背形，并把人行道、排水沟挖深一些，使之低于畦床底层竹荪培养料，这样即使在香菇喷水时水分渗入畦床内，也会逐渐流入排水沟，不至于积留在竹荪培养料内。

(2)铺膜防水 香菇菌筒下田排放形式按照常规进行，但在排放菇筒底部的行间，应先垫1条12～15厘米宽的薄膜，刚好留5～8厘米的位置，作为畦床内竹荪菌丝的通气部位，以便供给氧气。另一种栽培方式是竹荪畦床用整块薄膜覆盖，但要在畦床旁边的四周每间隔1米，用15～20厘米长的空心竹管，直插入畦床之内用于通气，促进竹荪菌丝正常发育。

(3)喷水方式 菌筒出菇喷水时，最好利用空间喷雾的方式，防止大量水分渗入畦床内，影响竹荪菌丝的正常休眠。

(4)松土透气　在翌年5月份香菇收获结束后，应及时处理畦床上面的残留物，同时进行1次畦床松土透气。畦床最好更换新鲜覆土，若发现覆土表面有部分竹荪菌丝萌发，应采取畦沟灌水催蕾，使竹荪菌蕾发生快而整齐，提高产量，且出荪季节紧凑，有利于与香菇衔接。

(5)控制温度　夏季气温超过30℃时，要加厚遮阳棚遮盖物，不盖薄膜，并把覆土去掉一部分，使部分竹荪培养料裸露；同时再在畦床上面铺一层竹叶或树叶等，防止直接喷水造成覆土结块，影响透气和保湿。

八、库区水面漂浮长菇技术标准

我国农村有许多大、中、小型水库，其库区水面广阔，晨雾湿润，空气新鲜，水库水温低，经测试当炎夏地表气温达35℃时，水面床小气候在25℃以下。夜间、早晨雾气笼罩，非常适宜香菇子实体生长。

(一)水质标准

库区水面长菇，有利条件是近水，用水方便，但水质关系到香菇标准化生产的效果，为此必须先行水质测定评价。对照国家GB 5749《生活饮用水卫生标准》NY/T 391-2000的要求，其水质氯化物、氰化物、总汞、总镉、石油类、pH值等10项不得超过用水标准。详见第二章基础栽培条件中表2-3，并要求定期进行取样测试。

(二)季节选定

利用水库水面漂浮长菇，其菌袋制作时间应于1～3月份接种，适用菌株 L-26、Cr-04、武香 1 号等中温偏高型的。菌袋 5 月份生理成熟，搬到水库旁阴凉棚内脱袋排场转色。然后将转色菌筒搬入竹排框架内竖直摆放。炎夏水面菇床气温仅有 25℃，夜间、早晨雾气笼罩，非常适宜出菇。因此，在低海拔地区 6～10 月份高温季节照常长菇。整个过程未发现杂菌侵染，无害虫，鲜菇品质好。

(三)操作规程

将脱袋转色后的菌筒，装入框架内，摆放在水面的竹排上。竹排用楠竹扎成长方形框架，宽 1.5 米。根据竹竿承受能力决定竹竿之间的距离，铺上竹片，周围设置 30 厘米高的围栏。按不同季节确定竹排摆放在水库水面位置，初夏向阳为好，盛夏早秋宜选阴凉处。菌筒排于竹排的筐架后，并加绑竹竿使菌筒底部离水面 3 厘左右，围栏上方盖草帘。若长时间下雨，要盖膜防止菌筒过湿；高温期草帘加厚并泼水增湿，创造一种十分适宜香菇子实体生长的环境条件。

九、高山周年制长菇技术标准

千米以上高海拔山区，传统是反季节栽培，夏秋长菇。新疆乌鲁木齐县位于天山北麓，海拔 1 500 米以上，年平均温度 8.5℃，气候冷凉干燥，在本地区农业历史上从未有过香菇生产。乌鲁木齐市食用菌研究所，利用天山区域冬季日照充足和夏季冷凉的气候优势，研究成功周年栽培香菇技术。这对高海拔山区和高寒地区发展香菇生产提供了有益的借鉴。

(一)栽培季节安排

根据新疆气候，菌袋生产可安排春、秋两季接种。春栽宜于3～4月份接种菌袋，选用中温偏高型菌株，菌龄65～75天，当年夏秋长菇；秋栽可在6～7月份接种菌袋，选用中温偏低型菌株，菌龄60～70天，当年秋冬至翌年春季长菇，形成周年制产菇。也可以采取常年接种菌袋，冬春低温季节加温发菌培养，控温长菇；4～9月份为自然最佳长菇期，构成周年月月有菇上市的新格局。

(二)培养基配制

培养基配方：杂木屑68%，棉籽壳22%，麦麸7%，玉米粉2%，石膏粉1%。料水比1∶1.1～1.2，含水量55%左右，发菌成熟后含水量可达60%，其原因是在60多天的菌丝增殖期间增加生理代谢水。装袋采用双层装袋法：用耐高温低压聚乙烯塑料袋，内袋规格16.5厘米×65厘米，厚度0.5毫米，每袋装湿料2.5千克左右，用线绳扎袋口；外袋规格18厘米×69厘米，厚度为0.3毫米。装袋后套袋时，外袋和内袋方向相反，塑料绳扎口，采用常压灭菌。

(三)接种发菌培养

料温降至30℃以下接种，接种室用气雾消毒盒消毒。接种以4人为一组：1人解绳脱外袋，外袋掩住内袋8～10厘米；1人用尖头木杵打接种穴，在袋面一侧打5个穴，间距8厘米左右；1人接种，严格无菌操作。400克原种接40袋；1人套外袋并扎紧袋口。接种后菌袋转移到发菌室内培养，环境要求清洁、通风、干燥、暗光。码袋时菌袋接种穴口朝向上方，温度较高时，将菌袋堆叠成“井”字垛，每层4袋，高8～10层；温度较低时，也可墙式堆叠8～10层，每2层袋间铺放直径2～3厘米的竹竿5条，以利于透气散温，稳定袋垛。堆垛之间要留有一定距离，方便翻堆检查。

发菌期间的温度控制在24℃左右，60多天菌丝发满袋。高于30℃易造成高温烧菌及杂菌污染；低于15℃，发菌则相应减慢。发菌期因菌丝代谢旺盛，产热量大，袋堆散热慢，袋温比室温高3℃～5℃，注意通风降温。当接种穴菌丝向周围延伸，相互连接时，脱去外套袋，以增加供氧量，促进菌丝正常发育。

(四)进棚脱袋转色

菌袋培养生理成熟后进棚脱袋，一般在菌袋表面60%以上发生瘤状突起并手感软化后脱袋。然后置于18℃～23℃条件下，保持10～15天开始转色。温度高于25℃或低于15℃时转色很慢。菌袋发菌的成熟度不同，转色快慢也不一致。新疆气候较干燥，为创造菌筒转色所需温、湿度条件，大棚内再设小拱棚，小棚内设竹架，竹架长5.3米、宽1.6米，设24排横杆，间距22厘米；每排横竖立10个菌筒，间距16厘米，每架排放238筒，平均28筒/平方米。内长60米、宽7米计420平方米面积的菇棚，共排28架，共排放6660筒。地面用红砖铺，防止蚯蚓对菌筒噬咬破坏；同时砖吸水保湿，又可使筒面不泥泞。

小拱棚内维持20℃左右的温度，10天后菌筒表层长出一层白色绒毛状的气生菌丝，经光照和温差刺激，菌丝分泌色素而“吐黄水”，由白色渐呈棕褐色，形成一层有光泽的菌膜。正常转色的菌筒，褐色菌皮上有白点，菌皮厚度适中。转色与产量的相关规律是:红棕色菌筒出菇正常;深褐色的出菇迟,菇稀体大,产量、质量高;淡褐色的体密而小,产量较高;灰白色的因发菌不成熟,产菇少质量差,产量低。

(五)出菇生态控制

1. 温差控制 在天山脚下,昼夜温差达到15℃以上,足够刺激菇蕾发生,菌筒的褐色菌膜一旦出现白色裂纹,菇蕾即从裂纹中长出。

2. 水分控制 菌筒含水量控制在50%~55%,超过65%与低于40%均不利于出菇。如菌筒比原有重量减轻15%~20%,无须补充水分;若减轻25%~30%则适时补水;减轻30%以上必须补水,否则出菇困难,造成减产。

出第二潮菇后,水分消耗较大,当菌袋只有原重的60%~70%时,需适量注水,并进行菌筒上下倒头,以使两端水分均匀。注水量掌握达到原重的80%左右效果较好。若棚温20℃左右,注水后7天左右可形成菇蕾。

除注水增加菌筒含水量外,还须喷雾状水提高空气湿度,软化菌筒表层菌皮,减少因空气干燥而失水。采用离心式喷雾增湿机,1小时可雾化30升水,2小时菇棚的空气相对湿度由75%增加至95%,同时可将气温降低2℃~3℃。

每潮出菇高峰约持续4~5天,每潮菇间隔7~10天。如果头潮菇产量过大,菌筒严重脱水,则需要补水和复壮,间隔20~30天才能出第二潮菇。

3. 通风控制 出菇期间要调好菇棚保湿和通风的矛盾。白天棚内气温高于23℃,则每天早、中、晚都须通风换气,每次时间20~30分钟;若棚内气温在20℃以下,每天可在早、晚各通风1次。如果通风过大,为减少菌筒失水,可进行空间喷水雾增湿。

4. 光照控制 光照强弱影响菇盖色泽和菇柄的长短。合适的光照强度为50～200勒，以在棚内能看清报纸小字为宜。因新疆光照较强，夏季菇棚需要加厚遮阳物，以减少温室效应，降低温度；在秋冬弱光季节，遮阳物可适度稀疏以增温，但阳光不能直照菌筒，否则易脱水。

(六)周年月份产菇对比

利用乌鲁木齐市天山北麓冬季日照充足和夏季冷凉的气候优势，可做到周年产菇，各月平均温度与各月产菇量的相关数据见表4-5。

表4-5 乌鲁木齐市天山北麓各月温度与12万筒香菇周年产量

月份	1	2	3	4	5	6	7	8	9	10	11	12	合计
产量(吨)	5.2	6.7	8.4	10.1	12.3	14.1	15.6	16.5	14.2	10.9	9.6	8.5	132.1
气温(℃)	-9.5	-6.8	2.8	12.2	16.9	20.5	22.8	21.8	16.9	9.3	1	-5.7	平均 8.5

第五章　香菇菌种标准化制作工艺

香菇使用的菌种，是人工培育的纯菌丝及培养基混合体，采用三级扩大繁殖程序(母种、原种、栽培种)培育成生产上使用的菌种。香菇菌种生产、经营、使用和管理，应执行《中华人民共和国种子管理条例》和农业部《食用菌菌种管理办法》和NY/T 528-2002《食用菌菌种生产技术规程》。

一、菌种生产经营条件

国家农业部颁发的《食用菌菌种管理办法》2006 年 6 月 1 日在全国实施。明确规定从事菌种生产的单位和个人，应当取得《食用菌菌种生产经营许可证》。其应具备以下条件。

(一)母种和原种生产具备条件

一是注册资本母种 100 万元以上，原种 50 万元以上；二是省级农业主管部门考核合格的检验人员 1 名以上，生产技术人员 2 名以上；三是有相应的灭菌、接种、培养、贮存等设备和场所，有相应的质量检验仪器和设施。生产母种还应有出菇试验的设备和场所；四是生产环境卫生及其他条件符合农业部《食用菌菌种生产技术规程》要求。

(二)栽培种生产具备条件

一是注册资本 10 万元以上；二是省级主管部门考核合格的检验人员 1 名以上，生产技术人员 1 名以上；三是有必要的灭菌、接种、培养、贮存等设备和场所，有必要的质量检验仪器和设施；四是生产场地的环境卫生及其他条件符合农业部《食用菌菌种生产技术规程》要求。

违章处罚：凡从事菌种生产经营的单位和个人必须按照上述规定申请报批，否则视为无证生产经营，违反本规定的行为，依照《中华人民共和国种子法》的有关规定予以处罚。

（三）农家引种自作自用

菌种关系到菇农栽培的成败，凡不具备制种条件的农家，不可盲目轻易从事。我国农村食用菌主产区，不少菇农在长期生产实践中积累了制种经验，又具备制种设备，还具备善于判别菌种优劣的能力，每年从科研部门购买母种或原种，就地自行扩大育成原种或栽培种，直接用于自己栽培，达到降低成本，方便生产，高产高效目的。这种引种自作自用，不作商业经营的农家制种，与专业生产经营的性质不同。

随着香菇产业的迅速发展，专业性菌种生产经营单位往往跟不上要求，因此常出现菇农购种难，或进城购种，长途运输，气温失控等，导致菌种破瓶，种质受影响等问题的发生。因此凡具备制种技能和设施的菇农，只要通过制种专业技术培训，选择水源无污染，无灰尘源，远离禽舍、厕所、垃圾等作为制种场所，严格按照制种技术规程操作，完全能够做到引种自繁，满足自己栽培需要。这样有利于解决购种难的一系列问题，更好地促进菌业持续发展。为此，本书面对农家引种和制种需求的现实，提供实用性和可操作性的制种技术供菇农参考。

二、引种把好“两关键”

（一）引种先行“三考察”

随着香菇产业的发展，菌种需求量增大，种出多门，型号复杂，假冒伪劣，虚假广告大有所在。因此对菌种的引用，必须慎之又慎。为了免于引种失误，在引种之前必须先行“三考察”。

第一，考察所介绍菌株代号、种性特征，对照当地气候是否对号入座。

第二，考察种质资源的来路是否正规，对照全国农业技术中心品种认定委员会制定的《食用菌品种认定标准》和同行业有关简介菌种的共性和个性。

第三，考察企业资讯和信誉程度，对照是否符合国家批准的一、二级菌种场所具备的条件和有效的《菌种生产经营许可证》。

通过考察，最后认定合适的引种单位和引用菌株。

（二）菌种进门“四看点”

引用母种时，最好是一个品种引用 2 支，留有余地。菌种纯度要求 100%，母种进门“四看点”。

一看试管上标签的品名代号，是否符合自己所要求的品种；二看接种日期，计算菌龄是否适龄和超龄；三看管口内棉塞是否圆平、整洁，有否松脱或附着白色棉絮状霉菌绒毛，管壁四周有否裂缝，培养基上有否夹杂黄、红、绿、黑色点粒或斑块；四看菌丝长势是否健壮有力、旺盛均匀，有否间断节裂或培养基翘起与脱离管壁。

通过四看判定所引进的菌种是否合格。对污染种坚决淘汰,超龄或菌丝老化种,尽快转管提纯,复壮,鉴定后方可使用。对来源不清,种性不明,生产性状未经系统试验的种源菌种,不可引用。

三、母种转管扩接技术规程

(一)琼脂培养基配制工艺

马铃薯葡萄糖琼脂培养基,简称 PDA 培养基。其配方:马铃薯(去皮)200 克,葡萄糖 20 克,琼脂 20 克,清水 1 000 毫升,pH 值自然。制作时马铃薯去皮洗净,切成薄片,置于热锅上煮 30 分钟,捞起用 4 层纱布过滤取其汁,再入锅补足 1 000毫升水量,放入葡萄糖和琼脂搅拌后,趁热分装试管,用棉塞塞口。每 10 支试管作一捆缚好,竖排置于铁丝笼中,置于高压锅内灭菌,在 107.87 千帕压强下维持 30 分钟,达到灭菌的目的,然后趁热摆成斜面,冷却后即成斜面试管培养基。操作程序见图 7。

(二)母种转管扩接方法

从科研部门引进的香菇母种,为了适应扩大繁殖,可以进行转管扩接成多支母种。操作时应在经消毒灭菌的接种箱内进行,拔出母种管口棉塞,用火焰烧灼消毒的接种针钩出管内一小块带有琼脂的菌块,迅速通过酒精灯火焰接入 PDA 培养基斜面中央,棉塞复原。每支母种可扩接 25～35 支。母种转管扩接次数不宜过多,最多不超过 4 次,否则会受种性退化

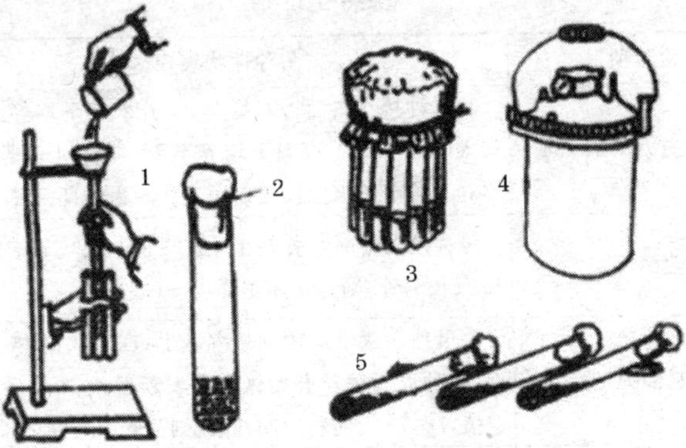

图 7 琼脂培养基配制工艺流程

1. 分装试管 2. 塞入棉塞

3. 包扎成束 4. 入锅灭菌 5. 排成斜面

影响。

(三)母种培养管理

扩接后的母种，置于恒温箱或培养室内培养，在 23℃～25℃恒温环境下，一般培养 15～20 天，菌丝走满管，经检查剔除长势不良或污染等不合格外，即成母种。

(四)母种育成检验标准

无论是引进母种或自己转管扩接育成的母种，一定要经过检验，其内容见表 5-1。

表 5-1 香菇母种检验标准

检验项目	菌种性状表现
目 测	肉眼观察斜面菌丝，若长势均匀健壮有力，无间断节裂，无杂菌污染，则表明菌丝生长良好

续表 5-1

检验项目	菌种性状表现
抗逆力测定	将母种接在斜面培养基上,置于 25℃下培养 3 天,再移入 30℃～35℃高温下培养半天,再放到适温 25℃下培养。若菌丝仍生长旺盛而健壮的为优良菌种
长速测定	母种接入斜面培养基上,在 23℃～25℃下培养 15～20 天长满管,则为长速正常
吃料能力测定	将母种接入木屑菌种培养基上,在 25℃下培养 2～3 天,菌种周围菌丝开始恢复萌发新菌丝;3 天后已吃料定植,7～10 天向料中间伸展,则为吃料力强的母种
出菇试验	出菇试验是鉴定母种质量的一项重要试验。将母种接入木屑或棉籽壳培养基中,置于 25℃下培养,菌丝长满袋后,移入出菇房棚内,调节好温、湿、气、光生态环境,观察出菇情况,若出菇早,出菇率高,子实体达到本品要求,则为优良母种

四、原种和栽培种制作技术规程

香菇菌种制作应执行农业部 NY/T 528-2002《食用菌菌种生产技术规程》按照技术标准进行原种和栽培种生产。具体技术标准如下。

(一)菌种生产时间控制

1. 原种制作时间 按当地所确定香菇栽培袋的接种日期为界线,提前 80 天开始制作原种。

2. 栽培种制作时间 按大面积生产菌袋的接种日期,提前 30 天进行栽培种制作。如安排秋栽 9 月上旬开始菌袋生产,其栽培种要提前于 8 月上旬进行制作。

3. 菌种时令性很强　如菌种跟不上，推迟供种，影响产菇佳期；若菌种生产太早，栽培季节不适应，放置时间拖长，引起菌种老化，导致减产或推迟出菇，影响经济效益。

(二)培养基配制技术规程

原种和栽培种培养基的原料与配制方法基本相同，因此放在一起介绍。所不同的是种源不同，接原种用的是试管母种，每支试管母种扩接 4～6 瓶原种。接栽培种用的是原种，每瓶原种可扩接成栽培种 30～50 瓶(袋)。

1. 配方标准　下面介绍 3 个配方标准。

(1)杂木屑培养基　阔叶树木屑 78%，麦麸 20%，蔗糖 1%，石膏粉 1%，含水量 58%～60%。

(2)木屑棉籽壳培养基　阔叶树木屑 63%，棉籽壳 15%，麦麸 20%，蔗糖 1%，石膏粉 1%，含水量同上。

(3)木屑玉米芯培养基　阔叶树木屑 63%，玉米芯粉 15%，麦麸 20%，蔗糖 1%，石膏粉 1%，含水量同上。

配制方法按比例称取木屑、麦麸、蔗糖、石膏粉。先把蔗糖溶于水，其余干料混合拌匀后，加入糖水反复拌匀。棉籽壳含有棉酚，对菌丝生长不利，因此要除去棉酚。可将棉籽壳先置于 pH 值 9～10 的石灰水中浸泡 7 天。由于棉籽壳吸水较慢，料拌妥后，须整理成小堆，待水分渗透基质后，再与其他辅料混合搅拌均匀。检测含水量，掌握在 58%～60%，pH 值 6.5～7。

2. 装瓶要求　具有生产规模的专业菌种厂，装瓶可采用现代化培养料装瓶生产线，每班 10 小时生产能力可达 6 万～8 万瓶。亦可手工装瓶。原种多采用 750 毫升的广口玻璃瓶，栽培菌可用聚丙烯菌种瓶或 4 厘米×28 厘米塑料袋。培养基要求装得下松上紧，松紧适中，过紧缺氧，菌丝生长缓慢；太松菌丝易衰退，影响活力，一般以翻瓶不倒出为宜。装瓶后要在培养基中间钻一个2厘米深、直径1厘米的洞，可提高灭菌效果，有利于菌丝加快生长，装瓶后用清水洗净、擦干瓶外部，棉花塞口，再用牛皮纸包住瓶颈和棉塞，进行高压灭菌。

3. 灭菌标准 高压灭菌以147.1千帕，保持2小时；常压灭菌达100℃后，保持8小时；棉籽壳培养基高压灭菌147.1千帕，保持2.5～3小时，常压灭菌达100℃后，持续10～12小时。

(三)菌种移植无菌操作

培养基经过灭菌后进入接种工序，接种强调“三严格”：严格控制料温必须降至28℃以下时，方可进行接种；严格进行消毒，接种箱事先气雾消毒剂消毒，料瓶进箱后紫外线消毒，菌种接种迅速过酒精灯火焰消毒，工作人员身手消毒；严格按照无菌操作规程接种，杜绝“病从口入”。原种移接扩接栽培种无菌操作方法见图8。

(四)原种和栽培种培养管理技术“六注意”

1. 注意合理摆瓶 一般长4米，宽6米的培养室内，设2排1米宽架床7层。每米架床摆放菌种90瓶，总量3000瓶。

2. 注意室内温度 菌种恒温培养，适温掌握23℃～25℃，不低于20℃，不超过30℃。

3. 注意干燥防潮 空气相对湿度要低于70%，防止潮湿。

4. 注意避光培养 门窗均要挂遮阳物，防止阳光照射培养基后水分蒸发。

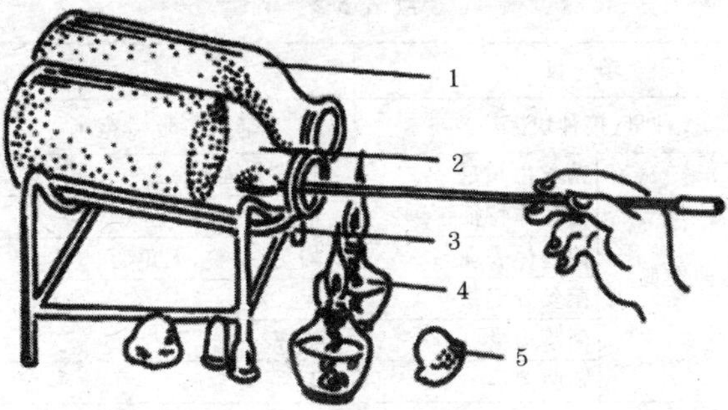

图 8　原种移接栽培种无菌操作

1. 原种瓶　2. 接栽培种　3. 接种架　4. 酒精灯　5. 棉塞

5. 注意通风换气　选择早晚通风，排除二氧化碳有害气体。

6. 注意定期检查　每天检查 1 次菌丝生长状况，及时淘汰污染或怀疑菌种。

五、各级菌种质量标准

按照农业部 GB 9170-2003《香菇菌种》感官要求应符合表 5-2，表 5-3，表 5-4 的要求。

表 5-2　香菇母种感官要求

项目	要　求
容　器	完整、无损
棉塞或无棉塑料盖	干燥、洁净、松紧适度，能满足透气和滤菌要求
培养基灌入量	为试管总容积的 1/5～1/4
培养基斜面长度	顶端距棉塞 40～50 毫米

续表 5-2

项 目		要 求
接种量(接种块大小)		3～5 毫米×3～5 毫米
菌种外观	菌丝生长量	长满斜面
	菌丝体特征	洁白浓密、棉毛状
	菌丝体表现	均匀、平整、无角变
	菌丝分泌物	无
	菌落边缘	整齐
	杂菌菌落	无
斜面背面外观		培养基不干缩,颜色均匀、无暗斑、无色素
气 味		有香菇菌种特有的香味,无酸、臭、霉等异味

表 5-3 香菇原种感官要求

项 目		要 求
容 器		完整、无损
棉塞或无棉塑料盖		干燥、洁净、松紧适度,能满足透气和滤菌要求
培养基上表面距瓶(袋)口距离		50 毫米±5 毫米
接种量(每支母种接原种数,接种物大小)		(4～6)瓶(袋),≥12 毫米×15 毫米
菌种外观	菌位生长量	长满容器
	菌丝体特征	洁白浓密、生长旺健
	培养基表面菌丝体	生长均匀,无角变,无高温抑制线
	培养基及菌丝体	紧贴瓶壁,无干缩
	培养物表面分泌物	无,允许有少量深黄色至棕褐色水珠
	杂菌菌落	无
	拮抗现象	无
	子实体原基	无
气 味		有香菇菌种特有的香味,无酸、臭、霉等异味

表 5-4　香菇栽培种感官要求

<table>
<tr><th colspan="2">项　目</th><th>要　求</th></tr>
<tr><td colspan="2">容　器</td><td>完整、无损</td></tr>
<tr><td colspan="2">棉塞或无棉塑料盖</td><td>干燥、洁净、松紧适度，能满足透气和滤菌要求</td></tr>
<tr><td colspan="2">培养基上表面距瓶（袋）口的距离</td><td>50 毫米±5 毫米</td></tr>
<tr><td colspan="2">接种量（每瓶原种接栽培种数）</td><td>（30～50）瓶（袋）</td></tr>
<tr><td rowspan="8">菌种外观</td><td>菌丝生长量</td><td>长满容器</td></tr>
<tr><td>菌丝体特征</td><td>洁白浓密、生长旺健</td></tr>
<tr><td>不同部位菌丝体</td><td>生长均匀，无角变，无高温抑制线</td></tr>
<tr><td>培养基及菌丝体</td><td>紧贴瓶（袋）壁，无干缩</td></tr>
<tr><td>培养基及菌表面分泌物</td><td>无或有少量深黄色至棕褐色水珠</td></tr>
<tr><td>杂菌菌落</td><td>无</td></tr>
<tr><td>拮抗现象</td><td>无</td></tr>
<tr><td>子实体原基</td><td>无</td></tr>
<tr><td colspan="2">气　味</td><td>有香菇菌种特有的香味，无酸、臭、霉等异味</td></tr>
</table>

六、菌种保藏与复壮技术

（一）菌种保藏方法

引进母种或自行制作的原种、栽培种，若存放时间过长，会使菌丝老化，失水干燥，活力下降。这样的菌种在生产上接种时，易致霉菌污染。农家简易的保种方法如下。

1. 低温保藏 将母种先用蜡纸或牛皮纸包住管口，再用橡皮筋扎牢，置于4℃左右的电冰箱内存放，每隔3个月移植1次。

2. 液体石蜡保藏 在母种试管内灌入无菌液体石蜡，注入量以浸没斜面上方1厘米左右为适，使菌丝与空气隔绝，降低活力。然后棉塞处包扎塑膜，直放于室内干燥或低温下保藏，一般可以保藏1～2年(图9)。

图9 菌种液体石蜡保藏

1. 胶塞 2. 标签 3. 液体石蜡 4. 菌种 5. 培养基

3. 改善环境 若原种或栽培种已成熟，因一时生产衔接不上，延长接种时间，应将菌种放于卫生干燥、避光、阴凉的房间内摆放；瓶与瓶之间拉开距离，注意控温，通风、防潮。有条件放在空调间内，调至5℃保藏，防止菌丝老化。

(二)菌种复壮方法

菌种长期保藏或长期使用，以及转管次数过多，都会导致生活力降低。因此，要经常进行复壮，目的在于确保菌种优良性状和纯度，防止退化。复壮方式有以下几种。

1. 分离提纯 就是重新选育菌种。在原有优良菌株中，通过栽培出菇，然后对不同系的菌株进行对照，挑选性状稳定、没有变异、比其他菌株强的，再次分离，使之继代。

2. 活化移植 菌种在保藏期间，通常每隔3～4个月要重新移植1次，并放在适宜的温度下1周左右，待菌丝基本布满斜面后，再用低温保藏。但应在培养基中添加磷酸二氢钾等盐类，起缓冲作用，使培养基pH值变化不大。

3. 更换养分 各种菌类对培养基的营养成分往往有喜新厌旧的现象，连续使用同一种木屑培养基，会引起菌种退化。因此，注意变换不同树种和不同配方比例的培养基，可增强生活力，促进良种复壮。

第六章 香菇标准化生产病虫害控制措施

香菇标准化生产中病虫害的防治上，必须坚持"以防为主，防重于治"的原则，提倡生态防治、生物防治、物理防治的综合防治措施，不允许使用化学合成农药，确保香菇产品无污染、安全卫生。

一、生态防治技术

(一)选好场地

按照本书栽培产地环境条件，对栽培房棚的"四要求"、"五必须"，进行场地选择处理，确保香菇产地的安全卫生。

(二)优化生态

产地生态环境要按照国家 GB/T 18407.1-4-2001《农产品安全质量》标准中规定的土壤质量、水质量、空气质量技术指标，先行检测认可。栽培过程生态体系调控适应，对温、湿、气、光、pH 值等创造良好生态环境。

(三)合理轮作

野外栽培棚的场地，采取菇稻轮作，一年种香菇，一年种水稻，对防治病虫害有好处。因为长期栽培一个品种，其病虫害繁殖指数和抗逆能力也随着上升和增强。如果间隔 1～2

年后再轮换回来，在这间隔期间由于品种的变换，使专害性病虫感到不适应，侵害也就减少。

二、生物防治技术

（一）植物药剂

利用有些植物本身含有杀菌驱虫的药物成分，作为防治病虫害的药剂。如除虫菊是绿色植物农药的理想原料，主要含有除虫菊和灰菊素，花、茎、叶可制作除虫菊酯类农药，是合成敌杀死、速灭杀丁的重要原料。可将除虫菊加水煮成药液，用于喷洒菇房环境，杀灭杂菌虫害；还可将除虫菊熬成浓液，涂黏于木板上，挂在灯光强的附近地方诱杀菇蝇、菇蚊，效果很好。此外茶籽饼也是植物农药。茶籽是油茶植物的果实，榨油剩下的茶籽饼，气味芬芳有杀虫效果，将其磨成粉撒在纱布上，螨虫就会聚集于纱布上，然后把纱布放在浓石灰水里浸泡，螨虫便被杀死，连续多次杀螨效果可达90%以上。此外，烟草、苦楝、臭椿、辣椒、大蒜、洋葱、草木灰等都可作为植物制剂农药，用于杀虫，成本低廉，又无公害。

（二）微生物杀虫剂

苏云金杆菌（*Bacillus thuringiensis*，简称Bt）是一种天然存在昆虫病原细菌，可防治鳞翅目害虫、线虫和螨类。在温度30℃左右时，杀虫死亡速度快，是理想的生物农药，对人畜安全。苏云金芽孢杆菌的侵染方式是通过内毒素作用，使昆虫致死，还可由消化道入侵昆虫体腔中，通过大量繁殖而引起昆虫败血致死，对环境安全。此外还可采取以虫治虫，如利用寄生蜂、寄生蝇防治其他害虫。

(三)壮菇抑虫

所谓壮菇抑虫就是从各方面创造条件育壮香菇菌体,包括选育抗逆力强的菌株和活力强的菌种;培育好菌体以及长菇环境,以强制胜,抑制病虫害。另一方面是选择有特异性气味的菇类进行交叉轮种。如竹荪有一股特别浓香气味,蕈蚊飞虫见味即飞,不敢接近。可在较大菇棚旁栽培几平方米面积的竹荪,让子实体散出气味,驱逐蚊虫;也可作为轮换品种,使菇棚内有自然防治虫害的基础条件。

三、物理防治技术

(一)特殊光线杀灭

利用日光暴晒、紫外线杀菌。接种室、超净工作台、缓冲室内安装 30 瓦紫外线灯,每次照射 25～30 分钟,可有效地杀灭病菌。采用波长 36.5～40 纳米的黑光灯,具有较强诱杀力。许多昆虫具有趋光性,可在菇房棚内安装黑光灯,诱杀蝼蛄、叶蝉、菇蚊、菇蝇、菇蛾等。

(二)臭氧气体杀菌

臭氧具有高效广谱消毒灭菌作用。它通过高压放电,把空气中的氧气转变成臭氧,再由风扇把臭氧吹散到空间消毒杀菌;或由气泵把臭氧注入水中成灭菌水剂,喷洒消毒灭菌,这是新一代消毒灭菌设备。

(三)隔离保护

香菇发菌室门窗安装尼龙窗纱网,可防止窗外蛾、蚊、蝇及其他昆虫飞入为害。野外菇棚栽培香菇,可用 30 目尼龙遮阳网遮盖,既可防虫,又可遮阳。

(四)人工捕杀

菌袋室内发菌培养阶段常遭鼠害,可采用捕鼠夹捕捉;野外菇棚常出现蛴螬、蛞蝓、七星瓢虫等入侵,可直接捕捉。

四、控药防治范围

香菇标准化生产过程中不允许使用任何化学合成农药,当害虫发生时允许采用物理方法诱捕和设置障碍、喷洒石灰水,及有机食品认证的规定范围来控制。

(一)允许使用的药剂

根据国际有机作物促进会颁发的有机产品,农业生产部分,对病虫可以用石灰、硫黄、波尔多液和硫元素防治病毒;可以用杂(霉)菌和杂隐球菌的肥皂、植物制剂,醋和其他天然物质防治病害;可以使用植物杀虫剂,鱼尼丁、泥巴草,以及鱼藤酮,除虫菊,休眠油和硅藻土防治害虫。

(二)禁控农药

强制性执行“两严格”。一是严格执行国家农业部 2002 年 5 月 4 日,第 199 号公告明令禁止使用的 18 种农药:六六六、滴滴涕、毒杀芬、二溴氯丙烷、杀虫脒、二溴乙烷、除草醚、艾氏剂、狄氏剂、汞制剂、砷类、铅类、敌枯双、氟乙酰胺、甘氟、毒鼠强、氟乙酸钠、毒鼠硅。二是严格执行《中华人民共和国农药管理条例》规定的不得在蔬菜生产中使用的剧毒和高毒农药。香菇作为蔬菜的一类,应完全执行。

OCIA 有机食品颁证标准中规定:禁止使用芳香族的石油成分或增效剂胡椒基丁醚农药,禁止使用溴代甲烷、磷化氢、氯化物的物品熏蒸剂、有机磷、氯化烃类或氨基甲酸酯杀虫剂、汽化杀虫剂。

(三)用药方法"四不得"

任何农药在使用时,一不得超出批准规定的使用范围。因此,先熟悉病虫种类,了解农药性质,按照说明书规定掌握好使用范围、防治对象、用量、用药次数等事项;二不得盲目提高使用浓度。做到用药准确、适量、正确复配,交替轮换用药;三不得长期使用一种农药,使病虫产生抗药性。同时还要选用相应的喷药器械;四不得在长菇期使用任何农药,这是一个强制性的禁令。

第七章 采收与加工技术标准

一、加工设备特殊要求

香菇加工厂，要求在进行设备、场所改善的基础上，推行HACCP食品质量控制点和CMP食品企业良好行业规范等模式，以促进提高香菇产品质量水平。

(一)强调有机专用性

香菇采收加工的器具，应为专用设备，如果不得不与常规生产共用设备时，则应在常规生产使用结束后，进行彻底清洗消毒，并确保没有洗剂等残留。

(二)控制污染

香菇加工厂必须远离重工业区或与重工业区之间有足够的隔离带；远离居民区、医院和加工厂；周围不得有垃圾堆、粪场、露天厕所；加工场所应设置在可能造成污染(传染源)的上风向、上水。

(三)严格区分包装

严格区分有机香菇产品，避免在分级包装过程中造成产品交叉污染或与非有机香菇产品混淆，影响品质。有机香菇分拣严格按照有机食品操作规程。采用机械化分级设备，加工分捡人员穿戴卫生，操作规范。

二、采收技术标准

(一)成熟标准

香菇采收的标准,应根据产品市场需求。保鲜出口菇要求子实体成熟度七成时采收,一般为菌膜已破,菌盖表面光泽,盖边内卷,与菌柄仅有一半伸展;菌褶白色不倒纹,此时就要采收。

加工干菇的,则要求子实体八成熟时采收。即菌膜已破,菌盖尚未完全展开,尚有少许内卷,形成“铜锣边”;菌褶已全部伸长,并由白色转为黄褐色或深褐色时,为最适宜的采收期。适时采收的香菇,色泽鲜艳,香味浓,菌盖厚,肉质柔韧,商品价值高;过期采收,菌伞充分开展,肉薄、脚长、菌褶变色,重量减轻,则商品价值低。

(二)采集技术规范

1. 容器选定 采集鲜菇宜用小箩筐或竹篮子装盛集中,并要轻放轻取,保持菇体形态完整,防止互相挤压损坏,影响品质。特别是不宜采用麻袋、木桶、木箱等盛器,以免造成外观损伤或霉烂。采下的鲜菇要按菇体大小、朵形好坏进行分类,然后分别装入塑料周转筐内,以便于分级加工。

2. 采菇时间 晴天采菇有利于加工,阴雨天一般不宜采收,因雨天香菇含水量高,保鲜加工易霉烂;加工干品也难以干燥,影响品质。若菇已成熟,不采就要误过成熟期时,雨天也要适时采收,但要抓紧加工干制。

3. 采集方法 根据采大留小的原则采收。摘菇时左手提菌筒，右手大拇指和食指捏紧香菇菌柄的基部，先左右旋转，再轻轻向上拔起。注意不要碰伤周围小菇蕾，不让菇脚残留在菌筒上。如果香菇生长较密，基部较深，可用小尖刀从菇脚基部挖起。采摘时不可粗枝大叶，防止损伤菌筒表面的菌膜。

4. 采前控水　香菇采收前不宜喷水，特别是花菇不宜喷水。因为采前喷水子实体含水量过高，无论是保鲜或脱水加工时菌褶会变黑，不符合出口色泽要求；花菇喷水易使菌盖白纹变褐成暗花菇，降低了商品等级。

5. 菌筒养护　采收后的菌筒，及时排放于畦床的排筒架上，架层花菇采后菌筒调位正常袋距。采后喷水罩紧薄膜保温、保湿，并按照各季长菇管理技术的要求进行管理，使幼蕾继续生长。冬季在揭开薄膜采菇时，应特别注意时间不能拖延过长，以防幼蕾被寒风吹萎。

三、保鲜出口技术标准

(一)保鲜冷藏设施

根据本地区栽培面积的大小和客户需求的数量，确定建造保鲜库的面积。其库容量通常以能容纳鲜菇3～5吨为宜。也可以利用现有水果保鲜库贮藏。

保鲜库应安装压缩冷凝机组、蒸发器、轴流风机、自动控温装置以及供热保温设施等。如果利用一般仓库改建的为保鲜库，也需安装有关机械设备及工具等。冷藏保鲜的原理是，通过降低环境温度来抑制鲜菇的新陈代谢和抑制腐败微生物的活动，使之在一定时间内，保持产品的鲜度、颜色、风味不变。

香菇组织在4℃以下停止活动，因此保鲜库的温度宜在0℃～4℃。

（二）鲜菇规格质量标准

保鲜出口的香菇要求朵形圆正，菇柄正中，菇肉肥厚，卷边整齐，色泽深褐，菇盖直径3.8厘米以上，菇体含水量低，无沾泥、无虫害、无缺破，保持自然生长的优美形态。符合标准者作为冷藏保鲜，不合标准的，作为烘干加工处理。如果采前10小时有喷水的，就不合乎保鲜质量要求。

（三）保鲜加工技术标准

1. 晾晒排湿 经过初选的鲜菇，一朵朵菌被朝天摊铺于晒帘上，及时置于阳光下晾晒，让菇体内水分蒸发。晾晒的时间，秋、冬菇本身含水率低，一般晒3～4小时；春季菇体含水率高，需晒6小时左右；夏季阳光热源强，晒1～1.5小时即可。晾晒排湿后的标准是，以手捏菌柄无湿润感，菌褶稍有收缩。一般经过晾晒后，其脱水率为25％～30％，即每100千克鲜菇晒后只有70～75千克的实得量。

2. 分级精选 经过晾晒后的鲜菇，按照菇体大小进行分级。采用机械分级，也可采用白铁皮制成“分级圈”，现行一般分为3.8厘米、5厘米、8厘米3种不同的分级圈。同时要进行精选，剔除菌膜破裂、菇盖缺口以及有斑点、变色、畸形等不合格的等外菇。然后按照大小规格分别装入专用塑料筐内，每筐装10千克。

3. 入库保鲜 分级精选后的鲜菇，及时送入冷库内保鲜。冷库温度掌握在0℃～4℃，使菇体组织处于停止活动状态。入库初期，不剪菇柄，待确定起运前8～10小时，才可进行菇柄修剪。如果先剪柄，容易变黑，影响质量。因此，在起运前必须集中人力突击剪柄。菇柄保留的长度按客户要求，一般为2～3厘米，剪柄后纯菇率为85%左右，然后继续入库冷藏散热，待装起运。

（四）保鲜香菇包装标准

香菇保鲜包装箱，采用泡沫塑料制成的专用保鲜箱，内衬透明无毒薄膜，每箱装10千克。包装物应符合GB 9688-1998《食品包装用品卫生标准》；另一种采用透明塑料袋小包装，每袋200克、250克不等，采取白色泡沫塑料盒，每盒装6朵、8朵、10朵不等，排列整齐，外用透明塑料保鲜膜包裹。然后装入纸箱内，箱口用胶纸密封。包装工序需在保鲜库内控温条件下进行，以确保温度不变。

（五）鲜菇运输要求

鲜菇包装后采用专用冷藏汽车，夜以继日迅速送达目的地。现有鲜菇主要销往日本、新加坡等地，多采用空运，几小时内到达国外。运往国内超市多用冷藏车送到销售地冷库。由于保鲜有效期一般为7～10天，所以起运地到交接点，以及国外航班时间都要衔接好，以免误时影响菇体品质。

四、脱水烘干技术规程

脱水烘干是香菇生产加工的一个重要环节，它占整个香菇量的80%。我国现有加工均采取机械脱水烘干流水线，鲜菇一次进房烘干为成品，使香菇朵形圆好，菇褶色泽蛋黄色，菇盖皱纹细密，香味浓郁，品质提高。其技术规程如下。

(一)脱水干制梯度与等度

香菇脱水干燥的原理,概括为“两个梯度、一个等度”。

1. 湿度梯度 当菇体水分超过平衡水分,菇体与介质接触,由于干燥介质的影响,菇体表面开始升温,水分向外界环境扩散。当菇体水分逐渐降低,表面水分低于内部水分时,水分便开始由内向表面移动。因此,菇体水分可分若干层,由内向外逐层降低,这叫湿度梯度。它是香菇脱水干燥的一个动力。

2. 温度梯度 在干制过程中有时采用升温、降温、再升温的方法,形成温度波动。当温度升高至一定程度时,菇体内部受热;降温时菇体内部温度高于表面温度,这就构成内外的温度差别,叫温度梯度。水分借温度梯度,沿热流方向迅速向外移动而使水分蒸发。因此,温度也是香菇干燥的一个动力。

3. 平衡等度 干制是菇体受热后热由表面逐渐转向内部,温度上升造成菇体内部水分移动。初期一部分水分和水蒸气的移动,使菇体内、外部温度梯度降低;随后水分继续由内部向外移动,菇体含水量减少,即湿度梯度变小,逐渐干燥。当菇体水分减少到内部平衡状态时,其温度与干燥介质的温度相等,水分蒸发作用就停止了。

(二)脱水烘干技术要领

1. 精选原料 鲜菇要求在八成熟时采收。采收时不可把鲜菇乱放,以免破坏朵形外观;同时鲜菇不可久置于 24℃以上的环境中,以免引起酶促褐变,造成菇褶色泽由白变浅黄或深灰甚至变黑;同时禁用泡水的鲜菇。根据市场客户的要求分类整理。大体有 3 种规格:菇柄全剪、菇柄半剪(即菇柄近菇盖半径)、带柄修脚。

2. 装筛进房 把鲜菇按大小、厚薄分级,摊排于竹制烘筛上,菌褶向上,均匀排布,然后逐筛装进筛架上。装满架后,筛架通过轨道推进烘干室内,把门紧闭。若是小型的脱水机,则只要把整理好的鲜菇摊排于烘筛上,逐筛装进机内的分层架上,闭门即可。烘筛进房时,应把大的、湿的鲜菇排放于架中层;小菇、薄菇排于上层;质差的或菇柄排于底层,并要摊开。

3. 掌握温度 起烘的温度应以35℃为宜,通常鲜菇进房前,先开动脱水机,使热源输入烘干室内,鲜菇一进房在35℃下,其菇盖卷边自然向内收缩,加大卷边比例,且菇褶色泽会呈蛋黄色,品质好。烘干箱内温度升至35℃开始,逐渐升温至60℃左右结束,最高不超过65℃。升温必须缓慢,如若过快或超过规定的标准要求,易造成菇体表面结壳,反而影响水分蒸发。

4. 通风排湿 香菇脱水时水分大量蒸发,要特别注意通风排湿。当烘干房内空气相对湿度达到70%时,就应开始通风排湿。如果人进入烘房时骤然感到空气闷热潮湿,呼吸窘迫,即表明空气相对湿度已达70%以上,此时应打开进气窗和排气窗进行通风排湿。干燥天和雨天气候不同,鲜菇进烘房后,要灵活掌握通气和排气口的关闭度,使排湿通风合理,烘干的产品色泽正常。

5. 干品水分测定 经过脱水后的成品,要求含水率不超过13%。测定含水量的方法:感官测定,可用指甲顶压菇盖部位,若稍留指甲痕,说明干度已够。电热测定可称取菇样10克,置于105℃电烘箱内,烘干1.5小时后,再移入干燥器内冷却20分钟后称重。样品减轻的重量,即为香菇含水分的重量。鲜菇脱水烘干后的实得率为10∶1,即10千克鲜菇得干品1千克。不宜烘干过度,否则易烤焦或破碎,影响质量。如果是剪柄的鲜菇,其实得率与冬季比为14∶1、与春季比为15∶1。

6. 产品分级 香菇干品要求分级,按照现有国内外市场要求的规格质量进行分级。加工企业应设置现代化机械分级生产线,并进行手工分拣剔除沾泥菇、烤焦菇、残缺菇以及修剪菇蒂。香菇品种分为花菇、厚菇、薄菇;同时根据客户特殊要求加工梅花菇、菇丝、菇粒以及菇柄等品种。

五、真空冻干技术规程

真空冻干(FD)的菇品质量优于脱水烘干产品。真空冻干生产过程处于缺氧和低温条件下,使产品形、色、味和营养成分与鲜品基本相同,且复水性较强。因此在国际市场上迎合现代消费人群,对食品“绿色、营养、安全、方便”的要求,深受青睐,其价格明显高于同类的普通干燥菇品。因而成为新一代食用菌加工技术,发展前景可观。

(一)掌握冻干原理

真空冻干是利用冻结升华的物理性能,将鲜菇中水分脱出,这种升华现象在大蒜、生姜、辣椒、水果等休闲小食品加工方面已广泛利用。而我国现行鲜菇脱水则是采取加热的物理性能将水脱出,而对升华脱水而尚感生疏。其实水(H_2O)有固态水、液态水、气态水,在一定条件下,这三态可以互相转化。在一定温度和压力下,使水降温结冰,冰加热升华为气,气降温又升华为冰,冻干就是用这种升华原理把鲜菇脱水干燥。

(二)基本配套设施

冻干生产的普通厂房内，设前处理车间、冻干车间和后处理车间。前处理车间必备台案、水槽、甩干机、夹锅炉等。这主要用于深加工冻干小食品。冻干车间内配置速冻床、干燥仓，以及真空、加热、监控等设备。后处理车间应备挑选台、振动筛、金属检测器、真空封口机等。甘肃省兰州市科近真空冻干技术公司近年研制生产 JDG 型食品冻干机，设有水气冷阱，提高了捕水量、结霜均匀，捕水率达 3.13 千克/平方米·时。每脱水 1 千克冰能耗为 0.55 千瓦·时，并配有 JDGP 智能监控软件，使温度控制精度达到 0.5℃，真空调节精度达到 1 帕。为国内目前较先进的设备(咨询电话:0931-8275919/8271139)。

(三)冻干菇技术规程

香菇真空冻干技术，目前各地正在探索与研究，大体有以下 5 个方面。

1. 原料筛选 首先将进厂鲜菇剔除霉烂菇、带泥菇、浸水菇、病虫害和机械损伤菇。然后按照菇体大小、厚薄进行区分，装入泡沫塑料箱内，每箱装量 10～15 千克。

2. 进库冻结 装筛选好的原料菇，连同泡沫菇，通过输送带传送在隧道内，依次通过预冻区、冻结区、均温区，进入冷冻库。菇品经速冻库－30℃以下的温度速冻后，把库内温度调控在－18℃以下经 1～2 小时，然后再保持 1～2 小时，使菇体冻透，处于冰冻状态。

3. 加压升华 冻干主要掌握温度和压力。生产时温度调控 0.01℃和压力 6 105 帕以上，使菇体内水分蒸发成气体，形成水；随着水降温使其结为冰。冰加热可直接升华为气(不经过液态)，气降温直接使其升华为冰，使固态水、液态水、气态水互相转化。升华的中后期蒸气量逐步渐减，仓内真空升高，此时制冷量可适当减少。升华结束后，物化结合水处于液态，此时应进一步提高菇体温度，进入解析阶段，使这部分水分子能获解析，迫使菇体干燥。菇品体态大小、厚薄有异，在这种低温冷冻的条件下，一般经过 10～15 小时可把菇体脱水干燥。

4. 低温冷藏 真空冻干后的菇品，应迅速转入干燥房内包装。室内空气相对湿度要求在 40%以上，以免干品在包装过程吸潮。干品包装后置于－40℃低温下，冷冻 40 小时，杀灭在贮存过程中受外界侵入的杂菌、虫体及卵，然后起运出口。

真空冻干生产是食用菌加工业新开发项目，适于加工企业拓宽业务。但相对而言，其设备比普通热风脱水干燥投资大些，在开发此项产品时，应根据对外贸易客户订单的要求，顺应市场，稳定发展。而对国内市场所需的旅游、休闲菇品的加工，它与真空油炸可并肩而进。

六、干菇包装贮藏保管技术标准

香菇干品吸潮力很强，经过脱水加工的干品，如果包装、贮藏条件不好，极易回潮，发生霉变及虫害，造成商品价值下降和经济损失。为此，必须把好贮藏保管最后一关。

(一)检测干度

凡准备入仓贮藏保管的香菇，必须检测干度是否符合规定标准，干度不足一经贮藏会引起霉烂变质。如发现干度不足，进仓前还要置于脱水烘干机内，经过50℃～55℃烘干1～2小时，达标后再入库。

(二)严格包装

香菇脱水烘干后，应立即装入符合GB 9687卫生规定的低压聚乙烯双层塑料袋内，袋口缚紧，不让其透气。包装前严格检查，所有包装品应干燥、清洁，无破裂，无虫蛀，无异味，无其他不卫生的夹杂物。按照出口要求规格，用透明塑料包装，每袋装量3千克，用抽真空封口。外用瓦楞纸包装箱，规格66厘米×44厘米×57厘米，箱内衬塑料薄膜，每箱装5～6袋。要严格执行农业部《农产品包装和标识管理办法》(2006年11月1日起实施)中的有关规定。

(三)专仓贮藏

贮藏仓库强调专用，有机香菇不得与常规香菇混藏，不得与有异味的、化学活性强的、有毒性的、易氧化的、返潮的商品混合贮藏。库房以设在阴凉干燥的楼上为宜，配有遮阴和降温设备。进仓前库房必须进行1次清洗，晾干后消毒。用气雾消毒盒，每立方米3克，进行气化消毒。库房内空气相对湿度不超过70%，可在房内放1～2袋石灰粉吸潮。库内温度以不超过25℃为好。度夏需转移至5℃左右保鲜库内保管，1～2年内色泽仍然不变。仓库定期检查，发现霉变即另做处理后，转作普通香菇。

第八章　产品质量标准与认证

一、质量标准

我国有机食品香菇的生产与加工起步较晚，有机香菇产品标准至 2006 年 12 月底国家标准、行业和地方标准化均未见发布。根据国家环境保护总局 2006 年 4 月 1 日发布实施的《有机食品技术规范》在有机食品技术规范引用文件与绿色食品标准（NY/T 391-394-2000），农产品安全质量（GB 18406. 1-4-2001）.（GB/T18407. 1-4-2001）基本一致。有机食品技术规范引用标准对应标准为绿色食品和无公害食品。在目前尚无有机食品香菇标准时，参照现有国家农业部 NY/T 749-2003《绿色食品 食用菌》标准和 NY 5095-2002《无公害食品香菇》农业行业标准和国家卫生部 GB 7096-2003《食用菌卫生标准指标要求》；同时参考国外有关标准，相对应地介绍，供读者参考。期待我国能尽快颁布有机食品香菇标准。

（一）有机香菇安全指标

1. 香菇鲜品卫生指标　见表 8-1。

表 8-1　香菇鲜品卫生指标　（NY 5095-2002）

项　目	指标（毫克/千克）	
	干香菇	鲜香菇
砷（以 As 计）	≤1.0	≤0.5

续表 8-1

项　目	指标(毫克/千克)	
	干 香 菇	鲜 香 菇
铅(以 Pb 计)	≤2.0	≤1.0
汞(以 Hg 计)	≤0.2	≤0.1
镉(以 Cd 计)	≤1	≤0.5
亚硫酸盐(以 SO_2 计)	≤50	
多菌灵(carbendazim)	≤0.5	
敌敌畏(dichlorvos)	≤0.5	

2. 香菇农药残留最大限量指标 见表 8-2,表 8-3。

8-2　香菇农药残留最大限量指标　(NY/T 749-2003)

项　　目	最大限量指标(毫克/千克)
六六六	≤0.1
滴滴涕	≤0.05
氯氰菊酯	≤0.05
敌敌畏	≤0.01
百菌清	≤1.0
多菌灵	≤1.0

表 8-3　日本香菇鲜品农药残留标准

项　　目	最大限量指标(毫克/千克)
敌菌丹	不得检出
氯化苦	0.01
毒死蜱(三丁氯苄磷)	0.01

续表 8-3

项　目	最大限量指标(毫克/千克)
氯氟氰菊酯	0.50
溴氰菊酯	0.20
敌敌畏	0.10
狄氏剂	0.10
乙霉威	5.00
乙嘧硫磷	0.20
咪菌腈	0.50
杀螟硫磷	0.05
氰戊菊酯	0.50
甲硫威(灭虫威)	0.05
甲基对硫磷	1.00
甲氰菊酯	3.00
甲基嘧啶磷	1.00
禾草丹	0.20
甲基立枯磷	2.00
氯溴氰甲酯	0.05

联合国粮农组织、世界卫生组织(FAO/WHO)农药残留法典委员会(CCPR)1993 年 4 月 26 日公布食用菌的 178 种农药残留最高限量标准，摘要见表 8-4。

表 8-4　联合国(FAO/WHO)食用菌农药残留限量标准

农药名称	农药残留最高限量(毫克/千克)
敌敌畏	0.5
毒虫畏	0.05

续表 8-4

农药名称	农药残留最高限量(毫克/千克)
毒死蜱	0.05
甲基毒死蜱	0.01
甲基嘧啶磷	5.0
多菌灵	1.0
除虫酯	0.1
甲氰菊酯	1.0
溴氰菊酯	0.05
氯菊酯	0.01
氰菊酯	0.1
苯恶威	0.1
丙氯磷	2.0
三胺嗪	5.0
烯虫酯	0.2
灭蝇胺	5.0
味鲜胺	2.0

3. 重金属最大限量指标　这里介绍欧盟关于真菌类如木耳、冬菇(非直接食用)重金属最大限量,见表 8-5。

表 8-5　欧盟重金属最大限量指标　(单位:毫克/千克)

品　名	砷(As)	铅(Pb)	铜(Cu)	汞(水银)(Hg)	锡(Sn)	镉(Cd)	锑(Sb)	硒(Se)
最大限量	1	2	30	0.05	250	0.2	1	1

(录自中国食品进口商会《食用菌菌讯》2004 年 9 月)

(二)有机香菇感官指标

我国香菇行业标准 GH/T 1013-1998,该标准自 1999 年 3 月 1 日起实施。而新近的香菇标准,可参照国家质量监督检验检疫总局提出的标准:GB 19087-2003《原产地域产品 庆元香菇》。这个标准适于我国南、北方代料栽培的香菇产品。下面分品种介绍其标准。

1. 保鲜香菇感官指标 见表 8-6。

表 8-6 保鲜香菇感官指标

项目	要求		
	一级	二级	三级
菌盖厚度(厘米)	1.2	1.2	0.8
开伞度(分)	5	6	7
菌盖直径(厘米)	4.0 均匀	3.0 均匀	3.0
残缺菇(%)	1.0	1.0	3.0
畸形菇、薄菇、开伞度总量(%)	1.0	2.0	3.0

2. 花菇干品感官指标 见表 8-7。

表 8-7 花菇干品感官指标

项目	要求		
	一级	二级	三级
颜色	白色花纹明显菌褶淡黄色	白色花纹明显菌褶黄色	花纹茶色或棕褐色,菌褶深黄色
形状	扁半球稍开展或伞形规整		扁圆球形稍平展或伞形
开伞度(分) ≤	6	7	8

续表 8-7

项目	要求		
	一级	二级	三级
菌盖直径(厘米) ≥	4.0 均匀	2.5	2.0
残缺菇(%) ≤	1.0		3.0
碎菇体(%) ≤	0.5		1.0
褐色菌褶、虫孔菇、霉斑菇总量(%) ≤	1.0		3.0
杂质(%) ≤	0.2		0.5

3. 厚菇干品感官指标 见表 8-8。

表 8-8 厚菇感官指标

项目	要求		
	一级	二级	三级
颜色	菌盖淡褐色至褐色		
	菌褶淡黄色	菌褶黄色	菌褶黄色
菌盖厚度(厘米) ≥	0.5		0.4
形状	扁半球形稍开展或伞形规整		扁圆球形稍平展或伞形
开伞度/分 ≤	6	7	8
菌盖直径/厘米 ≥	4.0	3.0	3.0
残缺菇(%) ≤	1.0	2.0	3.0
碎菇体(%) ≤	0.5	1.0	2.0
褐色菌褶、虫孔、霉斑菇总量(%) ≤	1.0	3.0	5.0
杂质(%) ≤	0.2	1.0	2.0

4. 薄菇感官指标 见表 8-9。

表 8-9 薄菇感官指标

项目		要求		
		一级	二级	三级
颜色		菌盖淡褐色至褐色		
		菌褶淡黄色	菌褶黄色	菌褶深黄色
菌盖厚度(厘米)	≥	0.3		0.2
形状		近扁半球平展规整		近扁半球形平展
开伞度(分)	≤	7	8	9
菌盖直径(厘米)	≥	5.0	4.0	3.0
残缺菇(%)	≤	1.0	2.0	3.0
碎菇体(%)	≤	0.5	1.0	2.0
褐色菌褶、虫孔菇、霉斑菇总量(%)	≤	1.0	2.0	3.0
杂质(%)	≤	1.0	1.0	2.0

5. 香菇理化指标 见表 8-10。

表 8-10 香菇理化指标

项目		要求	
		保鲜菇	干菇
水分/(%)	≤	86%(菌盖表面干爽、有纤毛或鳞片、手摸不黏、运销售地菇体不出现水珠)	13.0
粗蛋白质(以干重计)/(%)	≥	15.0	20.0
粗纤维(以干重计)/(%)	≤	8.0	8.0
灰分(以干重计)(%)	≤	8.0	8.0

二、认证程序

为了便于从事有机香菇生产、加工及贸易的单位与个人申报有机食品的认证，下面介绍有机食品认证基本程序和有机食品香菇认证有关事项，供参考。

（一）有机食品检查认证基本程序

有机食品原料生产基地、加工厂和贸易单位，为了获取相应的证书，必须向有机食品认证机构提出，并按一定的程序进行检查认证工作。现以国家环境保护总局有机食品发展中心（OFDC）制定的有机食品检查认证的基本程序为例，介绍如下。

1. 申请 申请人首先向国家环境保护总局有机食品发展中心（简称中心或 OFDC）索取申请表。

2. 受理 申请人将填好的申请表传回中心，中心根据申请表所反映的情况决定是否受理。若同意受理，则书面通知申请人。申请人向中心缴纳申请费后，中心将全套调查表及有关资料寄给申请人。

3. 调查 中心将返回的调查表进行审查，若未发现有明显违反有机食品认证标准的行为，将与申请人签订审查协议。一旦协议生效，中心将派出检查员，对申请人的生产基地、加工厂及贸易情况等进行现场审查（包括采集样品），此间若检查员发现某些非原则性问题，将向申请人提出整改意见。

4. 上报 检查员将现场检查情况写成正式报告，报 OFDC 颁证委员会。

5. 评审 颁证委员会定期召开全体委员会议，对检查员提交的检查报告及相关调查表，依照有关程序和规范进行评审，并写出评审意见，通常有以下几种不同的结果。

(1)同意颁证　申请者的产品若全部符合有机食品认证要求，可以分别发给“OFDC 有机(生态)食品原料生产证书”或“OFDC 有机(生态)食品加工证书”以及“OFDC 有机食品贸易证书”。在此情况下，申请者申请认证的产品可以作为有机产品销售。

(2)有条件颁证　申请者的某些生产条件或管理措施需要改进，只有在申请者的这些生产条件或管理措施满足认证要求，并通过报 OFDC 后，才能颁证。

(3)不能获得颁证　生产者的某些生产环节或管理措施不符合有机生产的标准，不能通过 OFDC 认证。在此情况下，颁证委员会将书面通知申请人不能颁证的原因。

(4)有机转换认可　如果申请人的生产基地是因为在一年前使用了禁用物质或有机生产管理体系尚未建立等原因，而不能获得颁证，其他方面基本符合要求，并且打算以后完全按照有机农业方式进行生产和管理，则可颁发“有机转换基地证书”，在该基地收获的产品也可作为有机转换产品销售。

6. 获证标志　通过认证的有机生产、加工和贸易者获得颁发销售证书，并签订有机食品标志使用协议。

(二)有机香菇认证条件与受理

1. 认证条件　凡是具备有机香菇生产、加工和销售条件的单位和个人，出于自愿都可以提出申请，要求对香菇生产基地、加工厂和销售店进行有机认证。

2. 认证受理单位　申报认证的受理单位，即认证机构，必须具备以下 4 个条件。

第一,必须是独立于生产者和贸易者的机构,亦称独立第三方。

第二,必须拥有一支既熟悉香菇生产,又具备有机食品生产和管理知识的检查员队伍,必须具有对香菇质量指标和卫生指标进行检测和管理的能力。

第三,有机香菇认证工作必须符合有机认证规定的程序。

第四,认证机构必须是具有法人资格的单位,并在国家或省技术监督局备案。

目前国内外有条件受理有机香菇认证的单位有数家,如德国有机食品认证中心(BCS)设在湖南省长沙的代理机构;瑞士生态农业研究所(IMO)设在江苏南京的中国代理机构;中国环境保护总局有机食品发展中心(OFDC)设在北京。上述单位均受理有机香菇生产、加工、销售及有机香菇生产资料的有机认证。认证后可发给证书和专门的有机食品标志。

(三)有机香菇认证程序

有机食品香菇的认证是一个连续的过程,通常每年至少对有机香菇栽培、加工、贮藏、运输和贸易等过程进行1次认证审查,并进行不定期的不通知检查。这种审查过程不仅有利于监督生产者、加工者和贸易者,是否完全按照有机香菇标准的要求,组织生产和加工及贸易,保证有机香菇产品的质量,而且也有助于有机香菇生产者、加工者和贸易者改进和完善管理,建立持续稳定的种植、加工和贸易体系。

有机香菇认证检查需要涉及的环节包括:有机香菇栽培的生态环境、病虫害治理、香菇加工和包装过程、贮藏和运输以及产品销售过程等诸多的质量跟踪环节。因此,各有机颁证机构都规定了本机构有机认证的程序。香菇的有机认证大致可分口头或书面初步申请，基地取样预检，正式书面申请并填写调查表，初审并签订协议书，实地检查并编写调查报告，综合审查评估，颁证委员会审议，颁发有机证书等几个程序。

1. 书面申请 生产者或生产单位认为自己的生产香菇基地、加工厂、销售点以及生产资料已具备有机颁证条件的，都可自愿向颁证机构以书面的形式提出申请。

2. 认证受理 申请者得到认证机构同意后，在选定香菇生产基地中，自行多点采样预检。样品采集要求具有代表性。

3. 填表上报 经过检测结果如符合有机香菇生产标准的申请者，向认证机构提出正式申请，索取申请表。调查表包括：香菇场基本情况调查表、香菇加工厂基本情况调查表和有机香菇贸易/批发基本情况调查表等。香菇场基本情况调查表内容包括：香菇场基本情况，栽培模式，技术措施，虫害防治、采收、包装和运输等。香菇加工厂基本情况调查表内容包括：工厂基本情况，生产管理，质量控制；有机香菇跟踪审查系统，产品标志，贮藏等。有机香菇贸易/批发基本情况调查表内容包括：贸易/批发公司基本情况，有机香菇来源情况，运输和贮藏处理情况，有机香菇跟踪审查系统，产品标志等。

4. 签订协议书 申请人将填写好的调查表返回给认证机构。认证机构对返回的调查表进行初步审查，若没有发现明显违背有机香菇标准的情况，将与申请人签订颁证审查协议书。认证机构将派出检查员，对申请者的香菇栽培基地、加工厂和贸易情况进行实地检查。

5. 实地检查 协议一旦生效，认证机构派出检查员，对申请者所申请的内容进行实地检查，以评估其是否达到颁证标准。同时还要现场采集培养料样品和香菇样品进行复检，检查必须在生产季节进行。为了防止违背有机香菇种植加工的行为，保证产品达到质量标准的要求，保护消费者的利益，有时还进行不通知检查。

申请者在递交调查表或在接受检查时，应全面地向认证机构提供相关的证明材料。这些证明材料对颁证委员会在确认生产、加工、经营者是否按照本标准进行生产加工，并决定对产品是否予以颁证是非常重要的。这些材料包括香菇产地、产量、栽培基质的用量和日期，栽培基质的使用方法、病虫害管理及加工的销售记录、产品批号、入出库记录等；商品香菇分析记录等。此外，申请者还应提供公司简介、企业法人营业执照、商业注册证明、生产加工卫生许可证及从业人员健康证、产品标准、标明企业所在地位置的行政区域图以及香菇基地地块分布图、加工厂车间平面图及设备布置图等。

6. 编写报告 检查员实地检查后，编写香菇栽培基地检查报告，香菇加工厂检查报告、贸易有机认证检查报告。这些报告将作为有机香菇综合评估和颁证委员会审议的重要材料。

7. 审查评估 有机香菇中心根据检查员的检查报告、相关检测报告和申请者提供有关材料，并对照有机香菇颁证标准，编制颁证评估表，综合审查认为申请者符合有机颁证的最低要求，则提交颁证委员会审议。同时核定颁证面积的产量，提出改进建议。

8. 颁证审议 颁证委员会由香菇科技、生产、管理和有机栽培标准的专家组成，与颁证产品的生产和销售单位没有直接或间接经济效益关系。颁证委员会对检查员的报告、相关的调查表和证明材料，评价申请者是否符合本标准，做出同意颁证、有条件颁证、拒绝颁证和有机转换颁证的决定。

(1)同意颁证 如果申请者完全符合基本标准，将获得有机香菇栽培基地/香菇厂/经营者证书和标志。

（2）有条件颁证　如果申请者能基本达到本标准，但有必要作若干改进时，在收到申请对要求改进之处的书面承诺以后，可以获得有机香菇栽培基地/香菇厂/经营者证书。

（3）拒绝颁证　申请者如达不到本标准，颁证委员会将拒绝颁证，并向申请者提出转换的建议。

（4）有机转换颁证　如果申请者的香菇栽培基质原料和出菇场地，前3年曾经使用过禁用物质，但在1年前已开始按照有机生产要求进行转换，并且计划一直按照有机方式进行生产，则可颁发“有机转换香菇基地证书”。并按照采购方式生产产品，可作为有机转换进行销售。

9. 颁发证书　凡符合有机标准的，根据颁证委员会决议，对获证单位颁发证书。全套证书包括：有机香菇原料生产证书，有机香菇加工证书，有机香菇销售商证书，有机香菇标志准用证书共4个。其中有机香菇销售证书是在已明确买卖双方，以及交易数量后来颁证机构开具。获证单位在获取证书之前，需对检查报告进行核实盖章，对有条件颁证者要对改进意见作出书面承诺。

10. 有效期限　根据《有机食品标志管理章程》，证书有效期为1年，第二年及以后每年必须重新履行申请和检查等手续。

附　录

一、香菇菌种供应单位介绍

见附表1。

附表1　香菇菌种供应单位一览表

单位名称	地　址	邮　编	咨询电话
中科院微生物研究所菌种保藏室	北京市海淀区中关村北1条13号	100008	(010)62554548
中国农业大学生物学院食用菌研究室	北京市海淀区圆明园西路2号	100094	(010)62733495
福建省三明真菌研究所	福建省三明市列东新市北路绿岩新村	365000	(0598)8243994
四川省农科院食用菌开发研究中心	成都市狮子山路4号二区	610066	(028)4504294
黑龙江省林口县食用菌研究所	黑龙江省林口县3-33号信箱	157600	(0453)3580031
吉林省长白山真菌研究所	吉林省蛟河市中岗街19号	132507	(0432)7201251
华中农业大学菌种实验中心	湖北省武汉市洪山区狮子山街	430070	(027)87386167
辽宁省朝阳市食用菌研究所	辽宁省朝阳市新华路二段37-4号	122000	(0421)2812022
河南省农学院食用菌技术工程中心	河南省郑州市花园路28号	450008	(0371)65722860

续附表 1

单位名称	地　址	邮　编	咨询电话
福建省食用菌学会	福建省福州市白马中路 53 号	350003	(0591)83368144
湖南农业大学食用菌研究所	湖南省长沙市芙蓉区	410128	(731)4618175
陕西省微生物研究所	陕西省西安市西影路东段 8 号	710013	(029)85525097
山东省金乡真菌研究所	山东省金乡县鸡黍镇	272208	(0537)8851472
山西省原平农校微生物室	山西省原平市前进路 13 号	034100	(0350)8223857
浙江省农科院园艺所食用菌研发中心	浙江省杭州市新石桥路 139 号	310021	(0571)86404017
上海市农科院食用菌研究所	上海市闵行区南华路 35 号	201106	(021)62200538
辽宁省食用菌技术开发中心	沈阳市长江北街 39 号 6002 信箱	110034	(024)86126921
河北省遵化市立强食用菌研究所	河北省遵化市北二环东路 26 号	064200	(0315)6636248
内蒙古园艺所食用菌研发中心	呼和浩特市乌兰察布东路 246 号	010010	(0475)4929474
江苏省微生物研究所菌种中心	江苏省无锡市钱荣路 7 号	214000	(0510)5515957
广东省农科院食用菌中心	广州市天河区五山	510640	(020)88273622

二、食用菌现代化机械设备

见附表2。

附表2 食用菌现代化机械设备

产品名称	型号	单位	参考价（万元/台）	产品说明
培养料冲压装袋机组	ZD 1000	台	2	生产能力1500袋/时
培养料装袋生产线	（双机）	套	6.8	生产能力1500袋/时
培养料装瓶生产线	（双机）	套	7.8	装瓶能力6万～8万个/班（10小时）
料袋灭菌生产线		套	3～6	常压、高压灭菌设备
料袋接种生产线		套	14.8	接种能力2200袋/时12人
枝丫切碎机		台	0.2	生产能力1吨/时，木材、竹子、芦苇均可
培养料松碎机		台	0.2	生产能力3吨湿料/时
培养料筛选机		台	0.2	生产能力3吨湿料/时
培养料混合机		台	1.～7.5	生产能力1.2、2.4、8立方米
铡草机	ZP1.0	台	0.2	生产能力1吨/时
培养料翻堆机		台	8	生产能力4～5吨/时
电脑控制燃油烘干机		台	3～25	热风、热泵、真空、微波生产能力
毛木耳清洗机		台	0.85	生产能力2.5吨/时
毛木耳切丝机		台	0.75	生产能力1吨/时
香菇干品分级包装生产线		套	18	生产能力150千克/时
菇菌超细粉碎生产线		套	28	子实体、菌丝体，粉碎粒度>325目生产能力30～50千克/时，消耗功率45千瓦
香菇多糖提取生产线		套	130	提取、浓缩、喷雾干燥，生产能力35～50千克/时

1. 生产厂家:兴宝食用菌机械厂(原兴业食用菌机械厂)
地址:福建省漳州市芗城区芝山古塘 28 号
邮编:363000
联系人:卢国宝　电话:(0596)2927120
传真:2963258　手机:13906945075
E-mail:zzxyjx@zzxyjx. com
2. 研制单位:福建省机械科学研究院农机化所
专家咨询:蔡津生 高级工程师
热线电话:(0591)87216030(办) 83357950(宅)
传真:(0591)83352247

主要参考文献

1 中华人民共和国国家标准. 农产品安全质量要求 GB 18406.1-8-2001. 北京:中国标准出版社,2001

2 国家质量监督检验检疫总局. 农产品安全质量无公害蔬菜安全要求. 北京:中国标准出版社,2001

3 中国农业部发布. 绿色食品. 产地环境技术条件. 北京:中国标准出版社,2000

4 李正明等. 无公害安全食品生产技术. 北京:中国轻工业出版社,1999

5 杜子端. 国内外食用菌专利和标准年鉴. 北京:中国标准出版社,2004

6 张金霞. 食用菌安全优质生产技术. 北京:中国农业出版社,2003

7 吴学谦,黄志龙等. 香菇无公害生产技术. 北京:中国农业出版社,2003

8 蔡衍山. 食用菌无公害生产技术. 北京:中国农业出版社,1982

9 贾长林. 小棚大袋立体花菇栽培技术. 郑州:河南科学技术出版社,1999

10 刘晓龙,刘振钦等. 东北地区香菇玉米间作技术规程. 上海:食用菌,2004(4)

11 周志璜. 花菇烂筒原因分析和应取措施. 上海:食用菌,2004(4)

12 陈奎. 西北葡萄园香菇立体种植模式. 上海:食用菌,

2005(4)

13　蔡衍山.香菇标准化生产基地建设的组织与管理初探.北京:菌物学报,2005 增刊

14　袁留照,张洪海.食用菌全程质量控制.北京:食用菌市场,2006(7)

15　徐俊等.构筑我国食用菌行业技术标准体系建议.上海:食用菌,2006(3)